"双高建设"新型一体化教材

无损检测技术
Non-destructive Testing Technology

主　编　李瑛娟　宋群玲
副主编　杨志鸿　蔡川雄　李冬丽

本书数字资源

北　京
冶金工业出版社
2024

内 容 提 要

本书根据无损检验员岗位需求和职业院校学生特点，以项目任务和案例导入的方式对知识点进行编写，用全新角度系统介绍了无损检测概述、超声波检测（UT）、射线检测（RT）、磁粉检测（MT）、渗透检测（PT）、涡流检测（ET）、典型的无损检测新技术（如 TOFD 检测技术和超声相控阵检测技术）7 个项目内容，重点介绍了五大常规无损检测方法的原理、特点、主要设备器材、实操技能训练和生产应用等。

本书可作为高职高专院校无损检测或材料加工类专业的教材，也可作为相关领域及学科工程技术人员的参考用书。

图书在版编目（CIP）数据

无损检测技术/李瑛娟，宋群玲主编. —北京：冶金工业出版社，2024.6
"双高建设"新型一体化教材
ISBN 978-7-5024-9776-7

Ⅰ. ①无…　Ⅱ. ①李…　②宋…　Ⅲ. ①无损检验—高等职业教育—教材　Ⅳ. ①TG115.28

中国国家版本馆 CIP 数据核字（2024）第 048849 号

无损检测技术

出版发行	冶金工业出版社	电　话	(010)64027926
地　址	北京市东城区嵩祝院北巷 39 号	邮　编	100009
网　址	www.mip1953.com	电子信箱	service@ mip1953.com

责任编辑　杨盈园　刘林烨　美术编辑　彭子赫　版式设计　郑小利
责任校对　王永欣　责任印制　禹　蕊
北京印刷集团有限责任公司印刷
2024 年 6 月第 1 版，2024 年 6 月第 1 次印刷
787mm×1092mm　1/16；14.25 印张；344 千字；215 页
定价 46.00 元

投稿电话　(010)64027932　投稿信箱　tougao@cnmip.com.cn
营销中心电话　(010)64044283
冶金工业出版社天猫旗舰店　yjgycbs.tmall.com
（本书如有印装质量问题，本社营销中心负责退换）

前　　言

　　保证产品质量是避免灾难性事故发生的重要保障。无损检测是保证产品质量和设备安全运行的一门共性技术，已被广泛应用于现代工业的各个领域。它是在物理学、电子学、电子计算机技术、信息处理技术、材料科学和人工智能等学科成果基础上发展起来的一门综合性技术，是现代工业质量保证体系中的主要技术之一。在工业生产领域，为了使工件的使用性能不受影响，提高工件利用率，一般希望采用不对工件造成损坏的方式进行质量检测。现代无损检测是指在不损坏试件的前提下，以物理或化学方法为手段，借助先进的技术和设备器材，对试件的内部及表面的结构、性质、状态进行检查和测试。近几年，无损检测正日益受到各个工业领域和科学研究部门的重视，在质量控制和安全生产中发挥着重要作用。因此，无损检测一直享有"工业卫士"的美誉。从某种意义上讲，无损检测技术的发展水平是衡量一个国家工业化水平高低的重要标志，也是在现代企业中开展全面质量管理工作的一个重要标志。随着技术的不断进步和社会的发展，无损检测技术发展呈现出一些新的发展趋势，绿色发展、智能发展、数字化应用已经成为无损检测持续发展的时代主题和基本要求。

　　坚持质量优先、绿色发展的基本方针，是中国制造由弱变强的基本要求。无损检测作为一种全领域全过程的技术，在信息技术产业、高档数控机床和机器人、航空航天装备、海洋工程装备及高技术船舶、先进轨道交通装备、节能与新能源汽车、电力装备、农机装备、新材料、生物医药及高性能医疗器械等国家重点发展领域的地位和作用无可替代。为切实保障安全为先的质量发展战略的贯彻执行，国家不断加强和鼓励检测技术和能力的建设和发展，包括加快建立健全科学、公正、权威的第三方检测体系，加强对技术机构进行分类指导和监管，规范检测行为，提高检测质量和服务水平等。无损检验员的专业水平、不同检测方法的掌握程度、不同检测设备的驾驭能力、不同结构和材料缺陷的分析能力直接关系到企业的经济效益。一个优秀的无损检验员能独当一面可以为企业带来巨大的效益，可以最大程度地避免和减少工程材料缺陷给企业带来的质量损失和安全事故。

通常而言无损检测技术方法包括超声波检测（UT）、射线检测（RT）、磁粉检测（MT）、渗透检测（PT）及涡流检测（ET）等。其中超声检测和射线检测主要用于检测试件的内部缺陷，而磁粉检测、渗透检测及涡流检测技术主要用于检测试件的外部缺陷。

本书主要介绍了无损检测概述、超声波检测（UT）、射线检测（RT）、磁粉检测（MT）、渗透检测（PT）、涡流检测（ET）、其他无损检测技术7个项目内容，重点介绍了五大常规无损检测方法的原理、特点、主要设备器材和生产应用等。而这5种无损检测方法在日常生产中的实际操作及应用是难点，需要积累一定的经验，熟练掌握各种操作方法来提高检测的准确性，减少漏检、误判现象的发生。知识点采用项目任务制进行拆解学习，结合技能考核训练内容和案例分析，易化重点，突破难点，更符合初学者思维，配以相应的二维码辅助知识点学习巩固，强化对所学知识的认知。

本书的编写工作由持有无损检验员证书，长期从事无损检测生产实践和专业教学工作的人员承担，由宋群玲、杨志鸿、蔡川雄共同编写项目1，李瑛娟编写项目2至项目6，李冬丽、林友、李明晓、蒋国祥、黄文楠共同编写项目7，最后由李瑛娟进行统稿。

本书可作为高职高专院校无损检测或材料加工类专业的教材，也可作为相关领域及学科工程技术人员的参考用书。由于编者水平有限，书中不足之处敬请批评指正。

编　者
2023年8月

目　　录

项目1　无损检测概述

【教学目标】

1. 掌握无损检测的概念及特点；

2. 会描述无损检测的目的及发展趋势；

3. 能够具备无损检验员职业资格证书知识，并能够举出相应的无损检测案例。

【看图说话】

登高望远篇

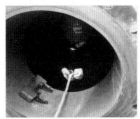

缩骨功篇

小夜灯篇

健身操篇

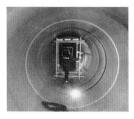

时空隧道篇

这就是特种设备无损检测工作的真实记录：无惧考验、事必躬亲、恪尽职守、一丝不苟。

（资料来源：https：//mp. weixin. qq. com/s？_biz＝MjM5NTlxOTM2NQ...）

任务 1.1 无损检测的概念与特点

1.1.1 无损检测的概念

现代化工业的实现是建立在材料（或构件）高质量的基础之上的，为确保优异的质量，节省特殊材料的生产成本，不改变大型设备的服役状态，必须采用不破坏产品原来形状、不改变使用性能的检测方法，对产品进行百分之百的检测，以确保产品的安全可靠性、连续完整性。

无损检测技术是一门从生产实践中发展起来又直接为生产服务，科学、实践性强，是一门新兴的综合性应用学科。它是以不损害被检验对象的使用性能为前提，应用多种物理原理和化学现象，对各种工程材料、零部件、结构件等进行有效的检验和测试，借以评价它们的连续性、完整性、安全可靠性及某些物理性能。

无损检测主要探测材料或构件中是否有缺陷，并对缺陷的形状、大小、方位、取向、分布和内含物等情况进行判断；当被检对象内部不存在大的或影响使用的缺陷时，还要提供组织分布、应力状态以及某些力学和物理量等信息。

1.1.2 无损检测的目的

无损检测目的具体包含以下 3 个方面。

1.1.2.1 质量管理

对非连续（如多工序生产）或连续加工（如自动化生产流水线）的原材料、零部件提供实时质量控制，如控制材料的冶金质量、加工工艺质量、组织状态、涂镀层的厚度以及缺陷的大小、方位与分布等。在质量控制过程中，将所得到的质量信息反馈到设计与工艺部门，便可反过来促使其进一步改进产品的设计与制造工艺，巩固与提高产品质量，降低成本，提高生产效率。

1.1.2.2 在役检测

对装置或构件在运行过程中进行监测，或者在检修期间进行定期检测，能及时发现影响装置或构件继续安全运行的隐患，防止事故的发生。这对于大型设备，如核反应堆、桥梁建筑、铁路车辆、压力容器、输送管道、飞机、火箭等，能防患于未然，具有不可忽视的重要意义。在役检测的目的不仅仅是及时发现和确认危害装置安全运行的隐患并予以消除，更重要的是根据所发现的早期缺陷及其发展程度（如疲劳裂纹的萌生与发展），在确定其方位、尺寸、形状、取向和性质的基础上，还要对装置或构件能否继续使用及其安全运行寿命进行评价。

1.1.2.3　质量鉴定

对制成品（材料或零部件）在进行组装或投入使用前，进行最终检验。其目的是确定被检对象是否达到设计性能，能否安全使用，判断其是否合格，这既是对前面加工工序的验收，也可以避免给以后的使用造成隐患。

无损检测技术在生产设计、制造工艺、质量鉴定以及经济效益、工作效率的提高等方面都显示了极其重要的作用，是工程技术人员的必备知识。但是，无损检测技术并非"成形技术"，对产品的使用性能或质量只能在产品制造中达到，而不可能单纯靠产品检验来完成。

1.1.3　无损检测技术的特点

1.1.3.1　不会对构件造成任何损伤

无损检测技术是一种在不破坏构件的条件下，利用材料物理性质因有缺陷而发生变化的现象，来判断构件内部和表面是否存在缺陷，而不会对材料、工件和设备造成任何损伤。

1.1.3.2　为查找缺陷提供了有效方法

任何结构、部件或设备在加工和使用过程中，由于其内外部各种因素的影响和条件变化，不可避免地会产生缺陷。操作使用人员不但要知道其是否有缺陷，还要查找缺陷的位置、大小及其危害程度，并要对缺陷的发展进行预测和预报。无损检测技术为此提供了一种有效方法。

1.1.3.3　能够对产品质量实现监控

产品在加工和成形过程中，如何保证产品质量及其可靠性是提高效率的关键。无损检测技术能够在铸造、锻造、冲压、焊接、切削加工等每道工序中，检查该工件是否符合要求，可避免徒劳无益的加工。从而降低了产品成本，提高了产品质量和可靠性，实现了对产品质量的监控。

1.1.3.4　能够防止因产品失效引起的灾难性后果

机械零部件、装置或系统，在制造或服役过程中丧失其规定功能而不能工作，或不能继续可靠地完成其预定功能称为失效。失效是一种不可接受的故障。

1.1.3.5　具有广阔的应用范围

无损检测技术可适用于各种设备、压力容器、机械零件等缺陷的检测诊断。例如金属材料（磁性和非磁性，放射性和非放射性）、非金属材料（水泥、塑料、炸药）、锻件、铸件、焊件、板材、棒材、管材以及多种产品内部和表面缺陷的检测。因此，近年来无损检测技术得到工业界的普遍重视，特别在航空航天、石油化工、核电站、铁道、舰艇、建筑、冶金等领域得到广泛的应用。

任务 1.2　无损检测的方法与趋势

1.2.1　无损检测的方法与适用范围

无损检测方法很多，美国国家宇航局调研分析后认为可分为 6 大类约 70 余种，但在实际应用中比较常见的有以下几种。

常规无损检测方法主要包括超声波检测（Ultrasonic Testing，UT）、射线检测（Radiographic Testing，RT）、磁粉检测（Magnetic particle Testing，MT）、渗透检测（Penetrant Testing，PT）和涡流检测（Eddy current Testing，ET）。

其他无损检测技术主要包括声发射（Acoustic Emission，AE）、泄漏检测（Leak Testing，LT）、激光全息照相（Optical Holography，OH）、红外热成像（Infrared Thermography，IRT）、微波检测（Microwave Testing，MWT）、衍射波时差法超声检测技术（Time of Flight Diffraction，TOFD）、导波检测（Guided Wave Testing，GWT）和超声相控阵检测（Phased Array Ultrasonic Testing，PAUT）等。

常规无损检测方法的优缺点、适用范围、选用及局限性、识别界限分别见表 1-1 ~ 表 1-3。

表 1-1　常规无损检测方法的优缺点及适用范围

检测方法	优　点	缺　点	适用范围
超声检测	1. 适于内部缺陷检测，探测范围大、灵敏度高、效率高、操作简单； 2. 适用广泛、使用灵活、费用低廉	1. 探伤结果显示不直观，难于对缺陷作精确定性和定量； 2. 一般需用耦合剂，对试件形状和复杂性有一定限制	可用于金属、非金属及复合材料的铸件、锻件、焊接件与板材
射线检测	1. 适用于几乎所有材料； 2. 探伤结果（底片）显示直观、便于分析； 3. 探伤结果可以长期保存； 4. 探伤技术和检验工作质量可以检测	1. 检验成本较高； 2. 对裂纹类缺陷有方向性限制； 3. 需考虑安全防护问题（如 X 射线的传播）	检测铸件及焊接件等构件内部缺陷，特别是体积型缺陷（即具有一定空间分布的缺陷）
磁粉检测	1. 直观显示缺陷的形状、位置、大小； 2. 灵敏度高，可检缺陷最小宽度约为 1 μm； 3. 几乎不受试件大小和形状的限制； 4. 检测速度快、工艺简单、费用低廉； 5. 操作简便、仪器便于携带	只能用于铁磁性材料，只能发现表面和近表面缺陷，对缺陷方向性敏感，能知道缺陷的位置和表面长度，但不知道缺陷的深度	检测铸件、锻件、焊缝和机械加工零件等铁磁性材料的表面和近表面缺陷（如裂纹）

检测方法	优　点	缺　点	适用范围
渗透检测	1. 设备简单，操作简便，投资小； 2. 效率高（对复杂试件也只需一次检验）； 3. 适用范围广（对表面缺陷，一般不受试件材料种类及其外形轮廓限制）	1. 只能检测开口于表面的缺陷，且不能显示缺陷深度及缺陷内部的形状及尺寸； 2. 无法或难以检查多孔的材料，检测结果受试件表面粗糙度影响； 3. 难于定量控制检验操作程序，多凭检验人员经验、认真程度和视力的敏锐程度	用于检验有色和褐色金属的铸件、焊接件以及各种陶瓷、塑料、玻璃制品的裂纹、气孔、分层、缩孔、疏松、折叠及其他开口于表面的缺陷
涡流检测	1. 适于自动化检测（可直接以电信号输出）； 2. 非接触式检测，无需耦合剂且速度快； 3. 适用范围较广（既可检测缺陷也可检测材质、形状与尺寸变化等）	1. 只限用于导电材料； 2. 对形状复杂试件及表面下较深部位的缺陷检测有困难，检测结果尚不直观，判断缺陷性质、大小及形状困难	用于钢铁、有色金属等导电材料所制成的试件，不适于玻璃、石头和合成树脂等非金属材料

表1-2　常规无损检测方法的选用及局限性

缺陷位置	检测方法	可检材料	优　点	缺　点	局限性
材料表面	磁粉检测	铁磁性材料	缺陷易于识别	需在两个方向磁化，电流强度大	只能检测表面及近表面缺陷
	渗透检测	非多孔型材料	操作简便	只能检测表面开口缺陷，污染环境	对腐蚀裂纹难以检测
	涡流检测	趋肤深度小的电导体	可自动探伤，检测速度快	易受表面状况、材料特性及检测距离等因素影响	伪缺陷——缺陷的识别能力有限
	超声检测	声导体	操作简单，使用灵活	只能在一定条件下判断缺陷的大小	由于吸收作用，不能发现网状缺陷
材料内部	超声检测	声导体	易于缺陷定位，对面状缺陷较灵敏，可自动探伤	在一定条件下才能确定缺陷大小，需很多实践经验，结果带有一定主观性	晶粒粗大的材料及工件表面的干涉作用和薄工件内大波形转换影响其应用范围
	射线检测	工件厚时分辨率低	可辨别缺陷性质，便于存档，使用灵活	对面状缺陷不灵敏，有射线防护问题	探测原子量小的材料时，对比度小，几何形状复杂的工件较麻烦

表1-3 常用无损检测方法的识别界限

检测方法	缺陷尺寸		
	深度	宽度	长度
渗透检测	10~20 μm	5 μm	10 μm
磁粉检测	10 μm	2 μm	5 μm
涡流检测		10 μm	
超声检测		0.1~1 mm 一般技术: λ 分析技术: (0.1~0.3) λ	
射线检测		0.1 mm 直径钢丝	

射线检测和超声检测对不同类型缺陷的检出能力见表1-4, 缺陷与无损检测方法对照见表1-5。

表1-4 射线检测和超声检测对不同类型缺陷的检出能力

缺陷类型	缺陷取向	射线检测	超声检测
夹渣	任意	好	好
气孔	任意	好	好
夹钨	任意	好	好
裂纹	深度方向±20°	好	好
裂纹	深度方向>20°	困难	好
未熔合	深度方向±20°	好	好
未熔合	深度方向>20°	困难	好

表1-5 缺陷与无损检测方法对照

缺陷类型	表面		近表面		所有位置				
	VT	PT	MT	ET	RT	DR	UTA	UTS	TOFD
使用产生的缺陷									
点状腐蚀	●	●	●	●	●	●		◎	
局部腐蚀	●	●						●	●
裂纹	◎	●	●	◎	◎	◎	●		●
焊接产生的缺陷									
烧穿	●				●	●	◎		◎
裂纹	◎	●	●	◎	◎	◎	●	○	●
夹渣			◎	●	●	●	●	○	●
未熔合	◎	◎	◎	◎	◎	◎	●	○	●
未焊透	◎	●	●	◎	●	●	●	○	●
焊瘤	●	●	●	○	●	●	○		◎
气孔	●	●	○		●	●	◎	○	●
咬边	●	●	●	○	●	●	◎	○	

续表 1-5

缺陷类型	表面		近表面		所有位置				
	VT	PT	MT	ET	RT	DR	UTA	UTS	TOFD
产品成型产生的缺陷									
裂纹（所有产品成型）	○	●	●	◎	◎	◎	◎	○	
夹杂（所有产品成型）			◎	◎	●	●	◎	○	
夹层（板材、管材）	◎	◎	◎						●
重皮（锻件）	○	●	●	○	◎	◎		○	
气孔（铸件）	●	●	○		●	●	○	○	

注：1. 字母说明：

VT—目视检测；PT—渗透检测；MT—磁粉检测；ET—涡流检测；RT—射线检测；DR—X 射线数字成像检测；UTA—超声检测（斜入射）；UTS—超声检测（直入射）；TOFD—衍射时差法超声检测。

2. 符号含义：

●—在通常情况下，按本标准相应部分规定的无损检测技术都能检测这种缺陷。

◎—在特殊条件下，按本标准相应部分规定的特定的无损检测技术能检测这种缺陷。

○—检测这种缺陷要求专用技术和条件。

表 1-5 作为一般的指导，而不是在一种特定应用中对某种无损检测方法的要求和禁用。对于使用产生的缺陷，检测部位的可接近性和空间条件也是考虑采用某种无损检测方法的重要因素。另外，表 1-5 未包含所有的无损检测方法，使用者在一种特定的应用中选择无损检测方法时，必须考虑所有相关的条件。

1.2.2　无损检测的发展阶段与趋势

长期以来，无损检测有 3 个阶段，即 NDI（Non-destructive Inspection）、NDT（Non-destructive Testing）、NDE（Non-destructive Evaluation），目前一般统称为无损检测（NDT）。NDI 仅检测出缺陷（探伤）；NDT 以 NDI 检测结果为判定基础，对检测对象的使用可能性进行判定；此外还含有参数测试的意思；NDE 掌握对象的载荷、环境条件，对构件的完整性、可靠性及使用性能进行综合评价，详见表 1-6。

表 1-6　无损检测的发展阶段及其基本工作内容

发展阶段	无损探伤 NDI 阶段	无损检测 NDT 阶段	无损评价 NDE 阶段
工作内容	主要用于产品的最终检测，在不破坏产品的前提下，发现零部件中的缺陷（含人眼观察、耳听诊断等），以满足工程设计中对零部件强度设计的需要	不但要进行最终产品的检测，还要测量过程工艺参数，特别是测量在加工过程中所需要的各种工艺参数，如温度、压力、密度、黏度、浓度、成分、液位、流量、压力水平、残余应力、组织结构及晶粒大小等	不但要进行最终产品的检验以及过程工艺参数的测量，而且当认为材料中不存在致命的裂纹或大的缺陷时，还要进行如下工作：（1）从整体上评价材料中缺陷的分散程度；（2）在 NDE 的信息与材料的结构性能（如强度韧性）之间建立联系；（3）对决定材料的性质、动态响应和服役性能指标的实测值（如断裂韧性、高温持久强度）等因素进行分析和评价

20 世纪后半叶，无损检测技术得到了迅速发展，从无损检测的 3 个简称及其工作内容中便可清楚地了解其发展过程。实际上，工业发达国家的无损检测技术已逐步从 NDI 和 NDT 阶段向 NDE 阶段过渡，即用无损评价来代替无损探伤和无损检测。在无损评价

（NDE）阶段，自动无损评价（ANDE）和定量无损评价（ONDE）是该发展阶段的两个组成部分。它们都以自动检测工艺为基础，非常注意对客观（或人为）影响因素的排除和解释。前者多用于大批量、同规格产品的生产、加工和在役检测，而后者多用于关键零部件的检测。

随着现代化工业水平的提高，我国无损检测技术取得了很大的进步，已建立和发展了一支训练有素、技术精湛的无损检测队伍，并形成了一个包括中专、大专、本科、硕士研究生、博士研究生（无损检测培养方向）的教育体系。可以乐观地说，今后我国的无损检测行业将是一个人才济济的新天地。很多工业部门近年来也大力加强了无损检测技术的应用和推广工作。

与此同时，我国已有一批生产无损检测仪器设备的专业工厂，主要生产常规无损检测技术所需的仪器设备。虽然我国的无损检测技术和仪器设备的水平从总体上仍落后于发达国家 15~20 年，但一些专门仪器设备（如 X 射线机、多频涡流仪和超声波检测仪等）都逐渐采用计算机控制，并能自动进行信号处理，大大提高了我国的无损检测技术水平，有效地缩短了中国无损检测技术水平与发达国家的差距。

无损检测技术的发展，首先得益于电子技术、计算机科学和材料科学等基础学科的发展，才不断产生了新的无损检测方法。同时也由于该技术广泛运用在产品设计、加工制造、成品检测以及在役检测等阶段，并都发挥了重要作用，因而越来越受到人们的重视和有效的经济投入。从某种意义上讲，无损检测技术的发展水平是衡量一个国家工业化水平高低的重要标志，也是在现代企业中开展全面质量管理工作的一个重要标志。有关资料认为，目前世界上无损检测技术最先进者当属美国，而德国、日本是将无损检测技术与工业化实际应用融合得最为有效的国家。

近年来，无损检测技术的发展比以往任何时候都更快、更新，这得益于人们在无损检测和相关领域的不断创新。随着技术的不断进步和社会发展的需要，无损检测技术发展呈现出了一些新的发展趋势。

1.2.2.1 无损检测（NDT）技术正向无损评价（NDE）方向发展

无损检测技术不但要在不损伤被检对象使用性能的前提下，检测其内部或表面的各种宏观缺陷，判断缺陷的位置、大小、形状和性质，还应能对被评价对象的固有属性、功能、状态和发展趋势（安全性和剩余寿命）等进行分析、预测，并做出综合评价。

1.2.2.2 为保护生态环境和提高人民生活水平服务

无损检测技术应当为保护生态环境服务，为预防地球的温室效应服务，为提高人类生活质量服务。机械制造业的一个重要发展方向是"绿色制造"，低耗能、低排放和环境友好是"绿色"的核心。未来的无损检测设备也应该是"绿色"的，即环境友好型设备。因此，随着技术本身的发展和进步，一些传统的、可能会对环境产生污染的检测方法将会逐步被淘汰，或者被新的方法、新的检测媒介所代替。具有高缺陷检出率（POD，Probability of Detection）的"绿色"NDT 方法，即节能、环保型的方法必然是发展方向。

实现"绿色"检测技术首当其冲的是渗透检测，其次是磁粉检测。对渗透检测而言应优先采用环境友好型的渗透媒介，目前已有一些低污染或者基本无污染的渗透液产品问世，它使用无色透明的表面渗透剂，利用光的折射效应发现缺陷。随着漏磁检测技术的进步和检测灵敏度的提高，以及后者可能更容易实现智能检测和可视检测，由其代替或者部分代替磁粉检测是早晚的事情。

1.2.2.3　利用自动化、可视化、智能化技术来提高检测效率

无损检测技术向自动化、图像化、计算机化发展，使检测更快、更可靠和更直观。无损检测设备的自动化对于一些大型结构，特别是表面形状复杂的结构（如飞机、管道等）来说有特别重要的意义。同样，生产线的自动化检测也特别重要。这不仅是节省人力的问题，同时也是能够保证检测重复性和可靠性的问题。简单的自动检测装置和爬行器等已得到广泛应用，而对于一些更复杂的装置，无损检测工作者需要与工作在自动化领域，特别是机器人领域的工作者密切结合，图像化在 NDT 中的重要作用是其他方法所不可替代的。人类在探索自然界的奥秘时希望能有一个最直观的解答，即使是对十分复杂的现象也是如此。目视检测（包括借助内窥镜、放大镜和显微镜等工具）仍然是用得最多的检测方法。传统的 A 扫描超声检测仪器虽然还有一定的市场，但被成像显示方式的仪器（B 扫描、C 扫描和超声 CT）代替已是一个不争的事实。涡流检测仪器从指针式变为平面相位图显示是一大进步。但目前，它也几乎要被涡流成像检测仪器代替。光学检测方法是一颗正在冉冉升起的新星，这在很大程度上是由于光学方法的检测结果是以图像显示的方式出现的。热成像和振动热图能够得到广泛应用，也得益于其检测结果图像化显示的优越性。

1.2.2.4　NDT 集成新技术的时代已经来到

每一种 NDT 检测方法都有各自的基础原理和检测特点，各有优劣。面对复杂的检测对象及不同的检测要求，单靠一种检测技术很难全面准确地判定缺陷程度并做出寿命评估。利用各种检测方法之间的互补性，发展 NDT 集成技术在一台设备中融合多种检测方法，对关键部件采用多种检测手段，可以提高检测结果的可靠性。

随着数字电子技术的发展，现场可编程门阵列 FPGA（Field Programmable Gate Array）微处理器 ARM（Advanced RISC Machines）和微处理器 DSP（Digital Singnal Processor）等集成电子器件大量应用，使研制和开发全新的 NDT 集成技术产品成为可能。NDT 集成技术的应用将使检测结果从定性向定量转变，并融入设备健康状态评估和再制造技术之中，从而形成设备制造、使用、维护和再制造的绿色循环经济体系。相信在不远的将来，该技术将成为无损检测技术发展的一个重要里程碑。

1.2.2.5　无损检测之源——传感器技术的研究越来越受到业界的重视

利用新型智能传感器，并将传感器、信号处理和计算机集成到一个微系统中，这一领域的发展也将为无损检测技术的发展提供新的空间。

以 1895 年伦琴发现 X 射线为标志，无损检测作为一门多学科的综合技术，正式开始进入工业化大生产的实际应用领域，迄今已有一百多年的历史。

1900 年法国海关开始应用 X 射线检验物品，1922 年美国建立了世界第一个工业射线实验室，用 X 射线检查铸件质量，以后在军事工业和机械制造业等领域得到广泛的应用。

1912 年超声波探测技术最早在航海中用于探查海面上的冰山，1929 年超声波技术用于产品缺陷的检验，至今仍是锅炉压力容器、钢管、重要机械产品的主要检测手段。

20 世纪 30 年代，开始用磁粉检测方法来检测车辆的曲柄等关键部件，以后在钢结构件上广泛应用磁粉探伤方法，使磁粉检测得以普及到各种铁磁性材料的表面检测。

毛细管现象是土壤水分蒸发的一种常见现象。随着工业化大生产的出现，将"毛细管现象"的原理成功地应用于金属和非金属材料开口缺陷的检验，其灵敏度与磁粉检测相当，它的最大好处是可以检测非铁磁性物质。

经典的电磁感应定律和涡流电荷集肤效应的发现，促进了现代导电材料涡流检测方法的产生。1935 年第一台涡流探测仪器研究成功。20 世纪 50 年代初，德国科学家霍斯特发表了一系列有关电磁感应的论文，开创了现代涡流检测的新篇章。

到了 20 世纪中期，在现代化工业大生产促进下，建立了以射线检测（RT）、超声检测（UT）、磁粉检测（MT）、渗透检测（PT）和电磁检测（ET）五大常规检测方法为代表的无损检测体系。随着现代科学技术的不断发展和相互间的渗透，新的无损检测技术不断涌现，新的无损检测方法层出不穷，建立起一套较完整的无损检测体系，覆盖工业化大生产的大部分领域。

进入 20 世纪后期，以计算机和新材料为代表的新技术，促进无损检测技术的快速发展，例如，射线实时成像检测技术，工业 CT 技术的出现，使射线检测不断拓宽其应用领域。随着纳米技术的发展，射线成像技术将获得进一步的提升。目前无损检测技术正向更高层次的无损评价方向发展。

无损检测是现代工业的"质量卫士"。作为现代工业的基础技术之一，无损检测涉及光学、电磁学、声学、原子物理学及计算机、数据通信等学科，在冶金、机械、石油、化工、航空、航天各个领域有广泛的应用，在保证产品质量和工程质量上发挥着越来越重要的作用，其"质量卫士"的美誉已得到工业界的普遍认同。可以说，现代工业离不开先进的无损检测技术。

无损检测技术的发展，得益于电子技术、计算机科学、材料科学等基础学科的发展，不断产生了新的无损检测方法。同时，无损检测技术广泛应用于产品设计、加工制造、成品检验，以及在役检测等阶段，并发挥重要作用。从某种意义上讲，无损检测技术的发展水平，是一个国家工业化水平高低的重要标志。

随着科学技术的迅猛发展和全球经济的一体化，市场经济的竞争将变得愈加激烈，而竞争的焦点是科技与质量。无损检测自诞生之日起就与质量结下不解之缘，无损检测是现代工业生产中质量控制和质量保证的重要方法，有专家断言："在现代化大生产中，谁掌握了高超的无损检测技术，谁就能在激烈的竞争中立于不败之地。"目前无损检测正朝着智能化、数字化发展，很多自动检测系统相继出现，给检测工作带来了很多的便利。

任务 1.3　无损检测在日常生活中的应用

现实生活中无损检测技术可以应用于很多方面，在瓜地里的瓜把式，或者卖瓜的营业员，要判断哪个瓜熟了，只要往瓜上轻轻一拍，听声音，就能够做出判断。有时为了更仔细些，他们把瓜用一只手端起来，另一只手拍一拍，一边听声音，一边凭端瓜的那只手的感觉，就可以综合做出判断。一般的固体物体都可以发出声音。拍西瓜就是凭借拍西瓜发出的声音来判断生熟的。固体物体也能够传播声音，拍西瓜时，端西瓜的那手会感觉传来的振动。一般说，生瓜的硬度比熟瓜大（即弹性系数较大），而同样形状的物体中，弹性系数大的物体频率高。我们又知道物体发声的频率还与物体的密度有关。不过生瓜和熟瓜的密度差别不会太大。所以有经验的高手听声音大致就能够判断瓜的生熟。

实际上，需要检验的东西是多种多样的。一根大型机器上的轴，其中有没有微裂纹；一件大型的铸件，其中有没有砂眼；人的肺部有没有结核菌感染；地底下有没有矿藏；海关需要了解旅客的行李箱里有没有违禁物品；等等问题，最好用无损检验的方法来回答。

其实，用声音来检验的方法，年代已经非常早了。早在一二百年之前，在医学上人们就已经用所谓叩诊法来诊断人体深部是否正常。特别是看肺部是不是有由于结核病引起的空洞，方法是用左手中指末梢两指节紧贴于被检部位，其余手指要稍微抬起勿与体表接触；右手各指自然弯曲，以中指的指端垂直叩击左手中指第二指节背面。听叩击的声音，有清浊之别，有空洞时声音比较低沉，便可以大致确定是否有病，如图 1-1 所示。

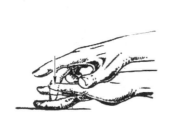

图 1-1　叩诊图

20 世纪初，人们发现了超声波及其重要特点。频率在每秒 20000 次以上的声音，人耳听不见，所以称为超声波。它有穿透性强、方向性好的特点。用超声波进行无损检验会有更优秀的性能。超声波检验是用一个超声波发生器将生出的超声波传送到被检测的物体内部，然后在物体另外的地方安放一个超声波的接收器或显示设备。这样，就能够根据超声波传播中的直射、衰减、受阻、反射等不同情况，来判断物体内部的结构。

最早超声波被用于检测构件的探伤，后来用于医学诊断。现在医学上常用的超声波诊断仪，所用的超声波频率一般在 1~5 MHz 之间，如图 1-2 所示。

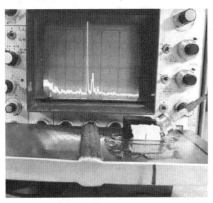

图 1-2　超声波检测

20 世纪末随着激光技术的发展，有一种全息照相技术出现（图 1-3）。它的原理是，把同一频率的激光束分成两束；一束激光直接投射在感光底片上，称为参考光束；另一束激光投射在物体上，经物体反射或者透射，就携带有物体的有关信息，称为物光束。物光束经过处理也投射在感光底片的同一区域上。在感光底片上，物光束与参考光束发生相干叠加，形成干涉条纹，这就完成了一张全息图。全息再现的方法是：用一束激光照射上面得到的全息图，这束激光的频率和传输方向应该与参考光束完全一样，于是就可以再现物体的立体图像。人从不同角度看，可看到物体不同的侧面，就好像看到真实的物体一样，只是摸不到真实的物体。利用这一原理，同样可以拍摄物体内部的声全息图。这种技术称为声全息。这样物体内部的情况就基本了如指掌了。

图 1-3　技术人员在调试拍摄激光全息图的数字合成全息照相系统

在医学上，超声波与声音的多普勒效应相结合应用，不仅能够探测身体内部组织的结构分布，而且还可以辨认血流的速度信息，这就是彩超诊断。

经常需要了解地下的结构，看是否有矿藏，需要用一个有一定能量的爆炸，或巨大的落锤来激发一个人工地震。这时，地震波可以通过地层传播与反射。我们在若干个地方放置探测器来接收传来的信号，把这些探测器得到的地震信号进行分析，就能够得到地质构造的大致情况，从中判断有没有矿藏。如图 1-4 所示，在左边地坑里面有一个爆炸造成人

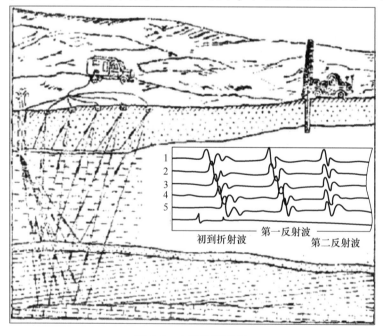

图 1-4　人工地震勘探

工地震，那辆汽车在进行多点测量。得到的信号绘制在图的右半边。从中可以得到地下密度变化的三个地层。根据地震波的速度还能够计算出层间的距离。图的右边有一辆车正在挖掘地坑，准备做下一次的人工地震。

1895 年，伦琴发现了一种可以穿透许多种常见光不能穿透的物体的新射线，称为 X 射线。它是一种波长范围在 0.01~10 nm 之间的电磁辐射波，很快用于无损检验上，特别是用于医疗诊断上。由于 X 射线遇到比较密实的物体衰减得快，而遇到稀疏的物体衰减得慢，所以从拍摄的胶片上就能够发现人体或物体内部的异常。如图 1-5 所示，迄今 X 射线的感光片对于肺部、骨骼、牙齿等有无病变，仍然是最常规的诊断手段。X 射线透视片有一个缺点，就是它是一张平面的图像。很难判断沿射线方向上异常部分的深度。

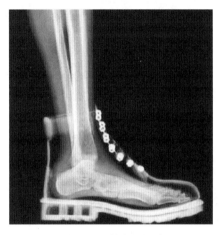

图 1-5　X 射线透视片

随着计算机的发展，人们将 X 射线与计算机分析相结合产生了一种新的技术：计算断层摄影（Computed Tomography），简称 CT。1969 年英国的电子学工程师汉斯菲尔德（Sir Godfrey Newbold Hounsfield，1919~2004 年）首先设计成电子计算机断层成像装置。1972 年这一成果在放射学年会上公布于世。1979 年与之前（1963~1964 年）发表论文论证 CT 原理的美国物理学家科马克（Allan MacLeod Cormack，1924~1998 年）共同获得了诺贝尔医学生物学奖。

CT 的原理是，由变换位置的 X 射线管发出的 X 射线束对所选层面变换方向进行扫描，由探测器接收。测定透过的 X 射线量，经模/数转换器转换成数字信号，转入计算机储存。X 射线在物体内部的每一点（由于该点的密度不同）都有一个衰减值，而衰减值是物体密度的函数。计算机存储的是关于 X 射线束的初始坐标和射线不同倾角的数值，利用数学原理，从这些数值计算物体内部的密度。由存储的这些数据可以通过计算得到该层面各单位容积的 X 射线衰减值，也就相当于各部分的密度值，经数/模转换器在阴极射线管影屏上转成 CT 图像。临床上将此图像再摄于胶片上，医生可以通过它来更准确的诊断，如图 1-6 所示。

与 CT 技术发展的同时，还有一种诊断技术产生。这就是 20 世纪 80 年代进入临床应用的核磁共振技术。

1946 年，费利克斯·布洛赫（Felix Bloch，1905~1983 年）和爱德华·珀塞尔（Edward Mills Purcell，1912~1997 年）发现，将具有奇数个核子（包括质子和中子）的原

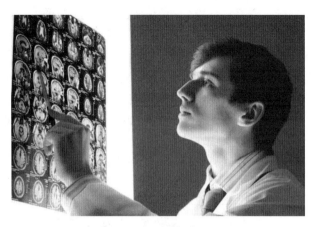

图 1-6　CT 影像

子核置于磁场中，再施加以特定频率的射频场，就会发生原子核吸收射频场能量的现象，这就是人们最初对核磁共振现象的认识。为此他们两人获得了 1952 年度诺贝尔物理学奖。

核磁共振的基本原理是原子核有自旋运动，在恒定的磁场中，自旋的原子核将绕外加磁场作回旋转动，称为进动（precession）。进动有一定的频率，它与所加磁场的强度成正比。在此基础上再加一个固定频率的电磁波，并调节外加磁场的强度，使进动频率与电磁波频率相同。这时原子核进动与电磁波产生共振，称为核磁共振。核磁共振时，原子核吸收电磁波的能量，记录下的吸收曲线就是核磁共振谱（NMR-spectrum）。由于不同分子中原子核的化学环境不同，将会有不同的共振频率，产生不同的共振谱。记录这种波谱即可判断该原子在分子中所处的位置及相对数目，用以进行定量分析及分子量的测定，并对有机化合物进行结构分析。

核磁共振用到医学上，即 Megnetic Resonance（MR）是医学影像学的一场革命，生物体组织能被电磁波谱中的短波成分，如 X 射线等穿透，但能阻挡中波成分，如紫外线、红外线及短波。人体组织允许磁共振产生的长波成分，如无线电波穿过，这是磁共振应用于临床的基本条件之一。核子自旋运动是磁共振成像的基础，而氢原子是人体内数量最多的物质；正常情况下人体内的氢原子核处于无规律的进动状态，当人体进入强大均匀的磁体空间内，在外加静磁场作用下原来杂乱无章的氢原子核一起按外磁场方向排列并继续进动，当立即停止外加磁场磁力后，人体内的氢原子将在相同组织相同时间下回到原状态，这称为弛豫（Relaxation）；而病理状态下的人体组织弛豫时间不同，通过计算机系统采集这些信号经数字重建技术转换成图像，来给临床和研究提供科学的诊断结果。由于磁共振成像（MRI）检查对软组织滑膜、血管、神经、肌肉、肌腱、韧带和透明软骨的分辨率高，多用于这些部位病变的诊断，如图 1-7 所示。

此外，核磁共振还可以用于探测地下水分布、含水层的含水量及孔隙度的检测。

在各种波长的波动中，只有人能够看见的那部分光波是不能透过人体的。不可见的波动因为能够穿透人体，也必然会穿透人的视觉器官而"漏掉"，所以不会被看见。其余波长的波动，大部分能够透过人体，它们几乎全都能用来对人体进行"无损检验"。利用可见光的检验，那就是"有损检验"了，这种情况对于人体来说，只有穿刺（到深部采样）活检和尸体解剖直接查看。

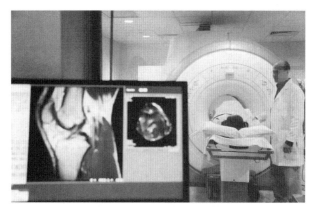

图 1-7 核磁共振图

总体来说，人类到目前所用的无损检测技术，无非是向物体送入一个波动，然后检测得到的反应。拍西瓜是送入一个声波，超声波检测是送入一个超声波，看其穿透和衰减的情况；而 X 光透视、CT 和核磁共振，也都无非是送入一种不同频率的波。不同的波，穿透和衰减的性质不同，所以就有不同的用处。例如 X 射线对于硬组织分辨率比较高，所以多用于骨科诊断。而核磁共振对于软组织分辨率比较高，所以多用于脑组织的病变诊断。在送入波动后，检测技术也在进步。计算机和传感器的发展，为处理各种类型的物理量和大量的数据提供了条件。

纵观这么多的案例，无损检测可广泛应用于产品设计阶段、制造过程、成品检验、在役检查、各类材料检测（金属、非金属等）、各种工件检验（焊接件、锻件、铸件等）、各种工程建设（道路建设、水坝建设、桥梁建设、机场建设等）。

任务 1.4 无损检验员

在国家职业分类目录中，无损检测从业人员的职业名称为无损检验员，职业代码为6260104。其职业定义为：在不破坏检测对象的前提下，应用超声、射线、磁粉、渗透等技术手段及专用仪器设备，对材料、构件、零部件、设备的内部及表面缺陷进行检验和测量的人员。无损检测员职业共设 4 个等级，分别为中级（国家职业资格四级）、高级（国家职业资格三级）、技师（国家职业资格二级）和高级技师（国家职业资格一级）。无损检测国家职业等级认定工作由具有相关资质的职业资格鉴定机构组织实施，考核合格由人力资源和社会保障部统一核发无损检测员国家职业资格证书。

从事无损检测工作的人员应按相关行业无损检测人员考核规则，经考试机构考核合格取得无损检测资格证后，方可从事许可范围内的无损检测工作。一般无损检测资格证分为Ⅰ级、Ⅱ级、Ⅲ级 3 个等级。

各级无损检测人员的能力与职责要求如下。

1.4.1 Ⅰ级无损检测人员

Ⅰ级人员不负责检测方法、技术以及工艺参数的选择，其工作仅限于以下内容：

（1）正确调整和使用检测仪器。

（2）按照无损检测作业指导书或工艺卡进行检测操作。

（3）记录检测数据，整理检测资料。

（4）了解和执行有关安全防护规则。

1.4.2　Ⅱ级无损检测人员

Ⅱ级无损检测人员负责按照已经批准的或者经过认可的工艺规程，实施和指导无损检测工作，具体包括以下内容：

（1）实施或者监督Ⅰ级无损检测人员的工作。

（2）按照工艺文件要求调试和校准检测仪器，实施检测操作。

（3）持证 4 年以上并且在Ⅲ级人员的指导下，可以编制和审核无损检测工艺规程。

（4）根据无损检测工艺规程编制针对具体工件的无损检测工艺卡。

（5）按规范、标准解释和评定检测结果，编制或审核检测报告。

（6）对Ⅰ级无损检测人员进行技能培训和工作指导。

1.4.3　Ⅲ级无损检测人员

Ⅲ级人员可以被授权指导其所具有的项目资格范围内的全部工作，并且承担相应责任，包括以下内容：

（1）实施或者监督Ⅰ级和Ⅱ级无损检测人员的工作。

（2）工程的技术管理、无损检测装备性能和人员技能评价。

（3）编制和审核无损检测工艺规程。

（4）确定用于特定对象的特殊检测方法、技术和工艺规程。

（5）对检测结果进行分析、评定或者解释。

（6）向Ⅰ级和Ⅱ级无损检测人员解释规范、标准、技术条件和工艺规程的相关规定。

（7）对Ⅰ级和Ⅱ级无损检测人员进行技能培训。

无损检测资格证取证工作由各行业协会（学会）组织实施，考核合格由各行业相关机构核发本行业无损检测资格证，如中国机械工程学会核发的机械行业无损检测资格证、中国特种设备检验检疫总局核发的无损检测资格证、中国船级社核发的无损检测资格证等。

获得相应无损检验资格证的人员，需每 4 年再次经过换证考核，换取新的证书，以适应时代变化对无损检验员的新检测标准要求。

项目 2　超声波检测

超声波
探伤仪的介绍

调试示例

超声波
检测器材介绍

超声波
检测的应用

斜探头灵敏度
余量测试方法

垂直线性和
水平线性测试方法

直探头远场
分辨力测试方法

【教学目标】

1. 掌握超声波检测的原理、特点、超声检测方法、超声检测设备及器材；

2. 会进行超声波检测钢板、锻件及焊缝的基本操作；

3. 能够具备对检测出现的现象进行分析和调整能力，能够具有随机应变的能力，具备节约耗材的素养、安全检测意识、规范意识和精益求精的工匠精神。

【说说身边那些事】

如果在早期可以采用无损检测手段，可以从材料原因降低泰坦尼克号沉没的可能性。泰坦尼克号（RMS Titanic），是英国白星航运公司下辖的一艘奥林匹克级游轮，排水量46000 t，于1909年3月31日在哈兰德与沃尔夫造船厂动工建造，1911年5月31日下水，1912年4月2日完工试航。泰坦尼克号是当时世界上体积最庞大、内部设施最豪华的客运轮船，有"永不沉没"的美誉。然而不幸的是，在它的处女航中，泰坦尼克号便遭厄运。它从英国南安普敦出发驶向美国纽约。1912年4月14日，泰坦尼克号与一座冰山相撞，造成右舷船艏至船中部破裂，五间水密舱进水。4月15日，泰坦尼克号船体断裂成两截后沉入大西洋底3700 m处。2224名船员及乘客中，1517人丧生，其中仅333具罹难者遗体被寻回，泰坦尼克号沉没事故为和平时期死伤人数最为惨重的一次海难。

泰坦尼克号残骸直至1985年才被发现，目前受到联合国教育、科学及文化组织的保护。泰坦尼克号残骸出现后，科学考察队采集了金属样本进行分析，结果发现了导致泰坦尼克号沉没的重要细节：造船工程师只考虑到要增加钢的强度，而没有想到要增加其韧性。把残骸的金属碎片与如今的造船钢材做一对比试验，发现在泰坦尼克号沉没地点的水温中，如今的造船钢材在受到撞击时可弯成V形，而残骸上的钢材则因韧性不够而很快断裂。由此发现了钢材的冷脆性，即在−40~0 ℃的温度下，钢材的力学行为由韧性变成脆性，从而导致灾难性的脆性断裂。而用现代技术炼的钢只有在−70~−60 ℃的温度下才会变脆。不过不能责怪当时的工程师，因为当时谁也不知道，为了增加钢的强度而往炼钢原料中增加大量硫化物会大大增加钢的脆性，以致酿成了泰坦尼克号沉没的悲剧。

一个海洋法医专家小组对打捞起来的泰坦尼克号船壳上的铆钉进行了分析，发现固定船壳钢板的铆钉里含有异常多的玻璃状渣粒，因而使铆钉变得非常脆弱、容易断裂。这一分析表明：在冰山的撞击下，可能是铆钉断裂导致船壳解体，最终使泰坦尼克号葬身于大西洋海底。

2023年6月18日，美国旅游公司OceanGate运营的潜水器泰坦号在距离加拿大纽芬兰海岸约400海里（740 km）的北大西洋下降时发生内爆。这艘潜水器载有5人，是参观泰坦尼克号残骸的灾难旅游探险队的一部分。

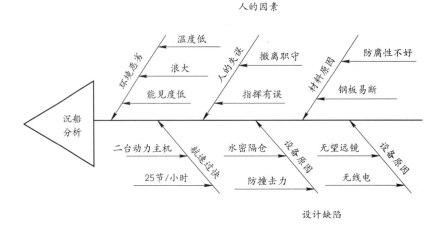

泰坦尼克号沉船原因

（摘自中国新闻网，https：//baike.baidu.com/item/%...）

任务 2.1　超声波检测的基础知识

2.1.1　超声波检测的发展

在特种设备行业中，超声波检测通常指宏观缺陷检测和材料厚度测量。

现实中常常利用声响来检测物体的好坏，这种方法早已被人们采用。比如，用手拍西瓜，听是否熟了；敲瓷碗，判断是否裂了等。声音反映物体内部某些性质。

人类很早就意识到，可能存在着人耳听不到的"声音"。

回顾超声波检测技术的起源，还得将历史时针拨回到"超声波"被发现的那段神奇又美妙的时光。1793 年夏天，意大利科学家拉扎罗·斯帕拉捷（Lazzaro Spallanzani），一次无意中的发现，好奇心驱动他揭露了蝙蝠的飞行秘密——原来蝙蝠是靠听觉来辨别方向、确认目标的。为后人研究"超声波"提供了理论基础和指导方向，也为人们带来巨大的恩惠。后来人们继续研究，终于弄清楚其中奥秘，"超声波"神秘面纱逐渐被揭开。

1817 年克拉尼就指出了人的听觉所能听到的声音的最高频率为每秒 22000 Hz。

1830 年，法国物理学家萨伐尔菲利克斯·萨伐尔（Félix Savart），制作了一个高转速齿轮控制"沙伐音轮"旋转的角速度，使之发出各种特定频率的声音，并产生了频率 24000 Hz 的声波，是人类第一次利用人工机械技术产生的超声波。

1876 年，英国科学家弗朗西斯·高尔顿（Francis Galton）利用气哨实验，产生了高达 30000 Hz 的超声波，从此超声波开始来到人们的视野中。

1880 年，法国物理学家皮埃尔·居里（Pierre Curie）、雅克·居里（Jacques Paul Curie）两兄弟发现电气石具有压电效应。

1881 年，他们通过实验验证了逆压电效应，并得出了正逆压电常数。后来人们根据压电效应原理研究出利用电子技术产生超声波的方法，从此迅速揭开了发展与推广超声技术的历史新篇章。

1912 年 4 月 14 日号称"永不沉没"的泰坦尼克号沉没的消息震惊了整个西方世界。

至此引起科学界的高度注意，随后科学家们提出利用超声波探测水下的冰山，超声波技术再次引起人们的思考。真正促使人类研究利用声波进行探测的事件是泰坦尼克号沉没事件。瑞查得用在空气和水下传播的声音回声进行探测定位查找泰坦尼克号。

1916 年，第一次世界大战间，为了侦测敌军水下潜艇，法国物理学家保罗·朗之万（Paul Langevin）领导的一个小组展开了水下潜艇声呐技术的研究，小组针对石英压电晶体振动的研究，成功获取了在水中传播的超声波，利用超声波探测水下潜艇并确定其位置。朗之万研究小组成功的将超声波应用到实际中，其研究成果为声呐技术奠定了基础，同时进一步促进超声波的研究。

1926 年，美国物理学家罗伯特·威廉姆斯·伍德（Robert Williams Wood）和阿尔弗雷德·李·鲁密斯（Alfred Lee Loomis）借鉴前辈保罗·朗之万等人的研究成果，合作研究高功率的超声波实验。经过几年的努力，共同发表了数篇关于高频声波物理能量的文献，为功率超声领域的发展打下了坚实的基础。

1929 年，苏联学者索科洛夫（Sokolov）发表了一篇关于超声波振荡在各种物体中传播问题的文章，提出利用超声波良好的穿透性来检测不透明物体内部缺陷的设想。1935 年，索科洛夫在苏联发表讨论金属材料内部缺陷探伤的著作，著作中描述利用超声波穿透法进行的试验结果，同年申请了穿透法专利。第二次世界大战爆发后，市面上出现了基于索科洛夫原理制造的超声波穿透法检测仪器。但由于该检测仪器的发射和接收探头需放置在试件两侧，并始终保持探头位置的对应关系，同时对缺陷检测灵敏度很低，其应用范围受到极大限制。虽然该设备并未在市场上普及和推广，但是穿透法检测仪器诞生标志着超声波检测技术在工业领域首次被应用，也是工业超声检测技术发展的重要历史转折点。

1940 年，密歇根大学的法尔斯通教授（Floyd Firestone）提交了一种采用超声波脉冲反射法的检测装置的专利申请，使超声波无损检测成为一种实用技术。Firestone 首次介绍了基于脉冲发射法的超声检测仪器，并在之后的几年进行了试验和完善。

1946 年，英国人 D. O. Spronle 研制成第一台 A 型脉冲反射式超声波探伤仪。利用该仪器，超声波可以从物体的一面发射和接收，能够检出物体内部细微缺陷，并能够确定缺陷的位置和测量缺陷尺寸。不久，美国和英国分别开发出更先进的 A 型脉冲反射式超声波检测仪，使超声检测成为一种实用的无损检测技术。

1950 年后，A 型脉冲反射式超声波检测仪已经广泛应用于工业国家的钢铁冶炼、机械制造和船舶制造等领域的铸锻钢件和厚壁钢板的检测。我国铁道部引进若干瑞士制造的以声响穿透式超声波探伤仪，并用于路轨检验，这是国内应用这一技术的开端。

我国开始超声检测的研究和应用时间较短。1950 年铁道部引进若干台瑞士制造的以声响穿透式超声波探伤仪，并用于路轨检验，这是国内应用这一技术的开端。经过这么多年的发展，我国的超声检测技术取得了巨大的进步。超声检测技术几乎渗透到所有工业部门。建立了一只数量庞大专业技术人员的队伍，理论及应用研究逐渐深入，标准体系日渐完备，仪器设备制造行业蓬勃发展，管理水平逐渐提高。在人员、设备、投入、管理、标准等方面已逐渐提升。

20 世纪 60 年代以来计算机技术的飞速发展，几乎给每一个行业都带来了革命性的影响，超声波检测也不例外。以前制约仪器电子性能的很多指标，如放大器线性、动态范围、灵敏度余量和当量读数精度等主要指标都取得了突破性进展，超声波检测仪器的性能也得到了大幅度的提升，焊缝检测问题得到了很好的解决。从此，脉冲反射法检测开始获得了大量的工业应用。

1964 年，德国 KK（Kraut Kramer）公司成功研制小型超声波检测仪，开启了近代超声检测技术在工业领域应用的新纪元。

20 世纪 70 年代末，微处理器的出现，使数字集成电路性能产生质的飞跃，同时为超声波检测仪器设备的发展提供了新的便利条件。发达国家推出计算机辅助的自动超声检测装置，主要应用于形状相对规则的物体检测。与此同时，国外还相继开展了信号处理技术的研究。

1983 年，德国 KK 公司推出了第 1 台便携式 USD-Ⅰ型数字化超声波检测仪。尽管其体积较大，质量较重，与目前使用的仪器相比功能还不完善。但 USD-Ⅰ的问世，标志着超声波检测仪开始进入数字化时代。随着数字式超声检测仪器的不断发展，模拟式超声检测仪逐渐被取代，模拟机成为了超声检测发展的一个不可磨灭的符号。

迈入 21 世纪后，常规超声波检测技术达到一定成熟阶段，但由于该技术存在特定的限制，已经面临着新的发展瓶颈，致使超声波衍生检测新技术获得快速进步和广阔的发展空间。

2.1.2　超声波的概念及产生

波有两大类：电磁波和机械波。电磁波是由电磁振荡产生的变化电场和变化磁场在空间的传播过程。机械波是机械振动在介质中的传播过程。超声波是机械波。无线电波、紫外线、伦琴射线和可见光等均属电磁波的范畴；水波、声波、超声波均属机械波的范畴。

振动是波动的产生根源，波动是振动的传播过程。

超声波是超声振动在介质中的传播，它的实质是以波动形式在弹性介质中传播的机械振动。以频率 f 来表征声波，并以人的可感觉频率为分界线，可将声波分为以下几类。

（1）次声（$f < 16$ Hz）：台风、地震、核爆炸、天体等。

（2）声频声或可听声（16 Hz $\leqslant f \leqslant 20$ kHz）：语言声学、音乐声学、电声学、噪声学、建筑声学、生理声学、心理声学、振动声等。

（3）超声（2×10^4 Hz $\leqslant f \leqslant 10^9$ Hz）：超声学、水声学、生物声学、仿生学。

（4）特超声（$f > 10^9$ Hz）：研究物质结构。

超声波是由超声检测仪产生电振荡并施加于探头，利用压电晶片的压电效应而获得的，属于频率大于 20000 Hz 的机械波，工业超声检测常用的工作频率为 0.5~10 MHz。

超声波是超声振动在弹性介质中的传播。利用压电效应使探头（压电晶片）发射或接收超声波，就使得发现缺陷成为可能。因此，探头（压电晶片）是一种较为理想的电声换能器。

描述超声波的物理量有声速、频率、波长、周期、角频率。

（1）声速：单位时间内，超声波在介质中传播的距离称为声速，用符号 c 表示。

（2）频率：单位时间内，超声波在介质中任一点所通过完整波的个数称为频率，用符号 f 表示。

（3）波长：超声波在传播时，同一波线上相邻两个相位的质点之间的距离称为波长，用符号 λ 表示。

（4）周期：超声波向前传播一个波长距离时所需的时间称为周期，用符号 T 表示。

（5）角频率：用 ω 表示，定义为

$$\omega = 2\pi f \tag{2-1}$$

这几个物理量之间的关系为

$$T = 1/f = 2\pi/\omega = \lambda/c \tag{2-2}$$

一些材料中超声波声速见表 2-1。

表 2-1　一些材料中超声波声速

材料	纵波声速/m·s⁻¹	横波声速/m·s⁻¹
钢	5900	3230
水	1400	—
铝	6260	3080
有机玻璃	2720	1460
电瓷	6300	3820
空气	344	—

2.1.3　超声波的特点及应用

超声波波长很短，主要特点：

（1）超声波方向性好。超声波是频率很高、波长很短的机械波，在无损探伤中使用的波长为毫米数量级。超声波像光波一样具有良好的方向性，可以定向发射。

（2）能在界面上产生反射、折射和波型转换。当超声波从一种介质倾斜入射到另一种介质时，在异质界面上会产生波的反射和折射，并产生波形转换。不同波形的入射角、反射角、折射角的关系遵循几何光学原理。

（3）超声波能量高。超声波探伤频率远高于声波，而能量（声强）与频率平方成正比。因此超声波的能量远大于声波的能量。

（4）超声波穿透能力强。超声波传播能量损失小，传播距离大，穿透能力强。在一些金属材料中其穿透能力可达数米。这是其他探伤手段所无法比拟的。

（5）对人体无害。

超声波因其独特的性质被广泛应用于无损探伤，除此之外，还可以用于机械加工，如加工红宝石、金刚石、陶瓷石英、玻璃等硬度特别高的材料；可以用于焊接，如焊接钛、钍、锆等难焊金属。此外，在化学工业上可利用超声波作催化剂，在农业上可利用超声波促进种子发芽，在医学上可利用超声波进行诊断、消毒等。

2.1.4　超声波的分类和特点

超声波的分类如图 2-1 所示。

2.1.4.1　按质点的振动方向与声波传播方向之间的关系分类

其中超声波按质点的振动方向与声波传播方向之间的关系分类，可分为纵波、横波、板波和表面波。各种类型波的特征见表 2-2。

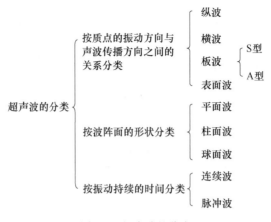

图 2-1　超声波的分类

表 2-2　超声波的分类

波的类型		定义	质点振动特点	传播介质	应用
纵波（L）		介质中质点的振动方向与波的传播方向平行的超声波	质点振动方向平行于波传播方向	固、液、气体	钢板、锻件检测等
横波（S 或 T）		介质中质点的振动方向与波的传播方向垂直的超声波	质点振动方向垂直于波传播方向	固体	焊缝、钢管检测等
表面波（R）		在交变应力作用下，沿介质表面传播的超声波	质点做椭圆运动，椭圆长轴垂直波传播方向，短轴平行于波传播方向	固体	钢管检测等
板波	对称型（S）	在板厚和波长相当的弹性薄板中传播的超声波	上下表面：椭圆运动，中心：纵向振动	固体（厚度与波长相当的薄板）	薄板、薄壁钢管检测等（δ<6 mm）
	非对称型（A）		上下表面：椭圆运动，中心：横向振动		

（1）纵波 L。如图 2-2 所示，介质质点在交变拉、压应力的作用下，质点之间产生相应的伸缩变形，从而形成了纵波。纵波传播时，介质的质点疏密相间，所以纵波有时又被称为压缩波或疏密波。固体介质可以承受拉、压力的作用，因而可以传播纵波，液体和气体虽不能承受拉应力，但在压应力的作用下会产生容积变化，因此液体和气体介质也可以传播纵波。

（2）横波 S（T）。如图 2-3 所示，横波的形成是由于介质质点受到交变切应力的作用时，产生了切变形变，所以横波又称为切变波。液体和气体介质不能承载切应力，因而横波不能在液体和气体介质中传播，只能在固体介质中传播。

（3）表面波 R。当超声波在固体介质中传播时，对于有限介质而言，在交变应力的作

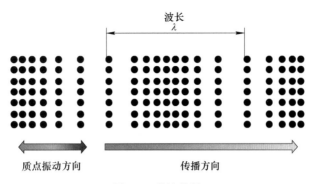

图 2-2 纵波传播

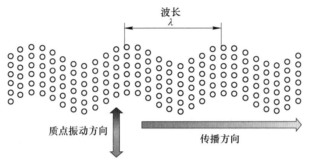

图 2-3 横波传播

用下，有一种沿介质表面传播的波称为表面波。1885 年，瑞利（Raleigh）首先对这种波进行了理论上的说明，因此，表面波又被称为瑞利波，常用 R 表示，如图 2-4 所示。

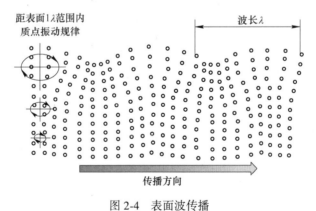

图 2-4 表面波传播

　　超声波在介质表面以表面波的形式传播时，介质表面的质点做椭圆运动，椭圆的长轴垂直于波的传播方向，短轴平行于波的传播方向，介质质点的椭圆振动可视为纵波与横波的合成。表面波同横波一样只能在固体介质中传播，不能在液体和气体介质中传播。

　　表面波的能量随在介质中传播深度的增加而迅速降低，其有效透入深度大约为一个波长。此外，质点振动平面与波的传播方向相平行时称为 SH 波，也是一种沿介质表面传播的波，又称为乐埔波（Love Wave），但目前尚未获得实际应用。

（4）板波。在板厚和波长相当的弹性薄板中传播的超声波称为板波（或兰姆波）。板波在传播时，薄板的两表面质点的振动为纵波和横波的组合，质点振动的轨迹为一椭圆，在薄板的中间也有超声波传播，如图 2-5 所示。

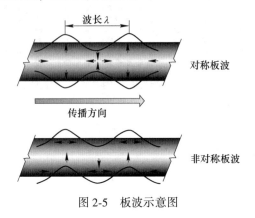

图 2-5 板波示意图

板波按其传播方式不同，又可分为对称型板波（S 型）和非对称型板波（A 型）两种。

1）S 型。薄板两面有纵波和横波成分组合的波传播，质点的振动轨迹为椭圆。薄板两面质点的振动相位相反，而薄板中部质点以纵波形式振动和传播。

2）A 型。薄板两面质点的振动相位相同，质点振动轨迹为椭圆，薄板中部的质点以横波形式振动和传播。

超声波在固体中的传播形式是复杂的，如果固体介质有自由表面，可将横波的振动方向分为 SH 波和 SV 波来研究。其中，SV 波是质点振动平面与波的传播方向相垂直的波，在具有自由表面的半无限大介质中传播的波叫表面波。但是传声介质如果是细棒材、管材或薄板，且当壁厚与波长接近时，则纵波和横波受边界条件的影响，不能按原来的波形传播，而是按照特定的形式传播。超声纵波在特定的频率下，被封闭在介质侧面之中的现象称为波导，这时候传播的超声波统称为导波。

2.1.4.2 按波阵面的形状分类

按波阵面的形状超声波可分为平面波、球面波和柱面波。

波的形状（波形）是指波阵面的形状。同一时刻，介质中振动相位相同的所有质点所连成的面，称为波阵面。某一时刻，波动到达的空间各点连成的面，称为波前。波的传播方向称为波线。波前是距离声源最远的波阵面，是波阵面的特例，任意时刻，波前只有一个，而波阵面却有无限个。在各向同性的介质中，波线恒垂直于波阵面或波前。

根据波阵面形状的不同，可以把不同波源发出的波分为平面波、柱面波和球面波，如图 2-6 所示。

（1）平面波。当声波的波阵面是垂直于传播方向的一系列平面时，称为平面波，如图 2-6（a）所示。如将振动活塞置于均匀直管的始端，管道的另一端伸向无限远，当活塞在平衡位置附近做小振幅的往复运动时，在管内同一截面上的各质点将同时受到压缩或扩张，具有相同的振幅和相位，产生的波即为平面波。一般来讲，可以将各种远离声源的声波近似地看成平面声波。

（2）球面波。当声源的几何尺寸比声波波长小得多时，或者测量点离开声源相当远时，则可以把声源看成一个点，称为点声源。在各向同性的均匀介质中，从一个表面同步胀缩的点声源发出的声波是球面波，也就是在以声源点为球心，以任何值为半径的球面上，声波的相位相同，如图 2-6（b）所示。球面波的一个重要特点是振幅随传播距离的增加而减小，两者成反比关系。

（3）柱面波。如果声源在一个尺度上特别长，例如繁忙的公路、比较长的运输线，都可能看成是线声源的实例。这类声源形成的声波波阵面是一系列同心圆柱，这种波面是同轴圆柱面的声波称为柱面波，如图 2-6（c）所示。柱面波的波阵面是圆柱面或半圆柱面。

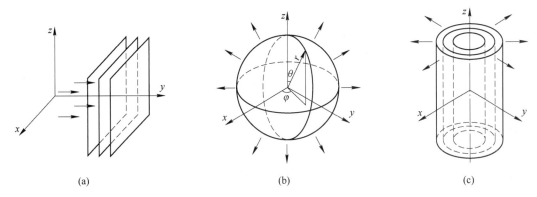

(a)　　　　　　　(b)　　　　　　　(c)

图 2-6 波的种类（按波阵面的形状分类）

（a）平面波；（b）球面波；（c）柱面波

2.1.4.3 按振动持续的时间分类

超声波按振动的持续时间可分为连续波和脉冲波，如图 2-7 所示。超声检测过程中，常常采用脉冲波。由超声波探头发射的超声波脉冲包含的频率成分取决于探头的结构、晶片形式和电子电路中激励的形式。当然，脉冲波并非单一频率。可以认为，对应于脉冲宽度为 τ 的脉冲，约有 $1/\tau$ Hz 的范围。仿照傅里叶分析法，脉冲波可视为由许多不同频率的正弦波组成，其中每种频率的声波将决定一个声场，总声场为各种频率的声场强度的叠加。

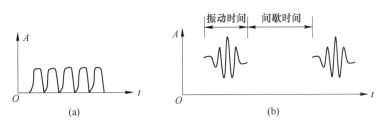

(a)　　　　　　　　　　(b)

图 2-7 连续波和脉冲波

（a）连续波；（b）脉冲波

2.1.5 描述超声场的物理量及介质的声参量

充满超声波的空间或在介质中超声振动所波及的质点占据的范围称为超声场。为了描述超声场，常采用声压 p、声强 I、声阻抗、质点振动位移和质点振动速度等物理量。

2.1.5.1　声压 p

超声场中某一点在某一瞬间所具有的压强 p_1，与没有超声场存在时同一点的静态压强 p_0 之差称为该点的声压，常用 p 表示，$p = p_1 - p_0$，单位为帕［斯卡］，记作 Pa（1 Pa = 1 N/m^2）。

对于平面余弦波，可以证明

$$p = \rho c A w \cos\omega(wt - kx + \pi/2) \tag{2-3}$$

式中　ρ——介质的密度；

　　　c——介质中的波速；

　　　A——介质质点的振幅；

　　　ω——介质中质点振动的圆频率（$\omega = 2\pi f$）；

　　Aw——质点振动的速度振幅（$V = Aw$）；

　　　t——时间；

　　　k——波数（$k = \omega/c = 2\pi/\lambda$）；

　　　x——至波源的距离。

且有
$$|p_{\mathrm{m}}| = |\rho c A w| \tag{2-4}$$

式中　p_{m}——声压的极大值。

可见声压的绝对值与波速、质点振动的速度振幅（或角频率）成正比。因超声波的频率高，所以超声波比声波的声压大。

2.1.5.2　声强 I

在超声波传播的方向上，单位时间内介质中单位截面上的声能称为声强，常用 I 表示，单位为 W/cm^2。

以纵波在均匀的、各向同性的固体介质中传播为例，可以证明平面波传播：

$$I = \frac{1}{2}\rho c A^2 w^2 = \frac{1}{2}p_{\mathrm{m}}^2\frac{1}{\rho c} = \frac{1}{2}\rho c V_{\mathrm{m}}^2 \tag{2-5}$$

可见，超声波的声强正比于质点振动位移振幅的平方，正比于质点振动角频率的平方。还正比于质点振动速度振幅的平方。由于超声波的频率高其强度（能量）远远大于可闻声波的强度。例如，1 MHz 声波的能量等于 100 kHz 声波能量的 100 倍，等于 1 kHz 声波能量的 100 万倍。

2.1.5.3　分贝和奈培

引起听觉的最弱声强 $I_0 = 10^{-16}$ W/cm^2 为声强标准，这在声学上称为"闻阈"，即 $f =$ 1000 Hz 时引起人耳听觉的声强最小值。将某一声强 I 与标准声强 I_0 之比 I/I_0 取常用对数得到两者相关的数量级，称为声强级，用 IL 表示。声强级的单位用贝尔（BeL）表示，即

$$IL = \lg(I/I_0) \tag{2-6}$$

在实际应用的过程中，认为贝尔这个单位太大，常用分贝（dB）作为声强级的单位。超声波的幅度或强度比值也用分贝（dB）来表示，并定义为

$$\Delta = 10\lg\left(\frac{I_2}{I_1}\right) \tag{2-7}$$

因为声强与声压的平方成正比，如果 I_1 和 I_2 与 p_1 和 p_2 相对应，则

$$\Delta = 20\lg\left(\frac{p_2}{p_1}\right) \tag{2-8}$$

目前市售的放大线性良好的超声波检测仪，其示波屏上波高与声压成正比，即示波屏上同一点的任意两个波高比（H_2/H_1）等于相应的声压之比（p_2/p_1），两者的分贝差为

$$\Delta = 20\lg\left(\frac{p_2}{p_1}\right) = 20\lg\left(\frac{H_2}{H_1}\right) \tag{2-9}$$

在实际检测时，常按照上式计算超声波检测仪的示波屏上任意两个波高的分贝差。

若对 H_2/H_1 或 p_2/p_1 取自然对数，其单位则为奈培（NP），即

$$\Delta = \ln\left(\frac{H_2}{H_1}\right) = \ln\left(\frac{p_2}{p_1}\right) \tag{2-10}$$

令 $p_2/p_1 = H_2/H_1 = e$ 并分别代入上两式，则有

$$1 \text{ NP} = 8.86 \text{ dB}$$

$$1 \text{ dB} = 0.115 \text{ NP} \tag{2-11}$$

纵波、横波和表面波的声速主要是由介质的弹性性质、密度和泊松比决定的，而与频率无关。同一固体介质中，纵波声速 c_L 大于横波声速 c_s，横波声速 c_s 又大于瑞利波声速 c_r。对于钢材，$c_L \approx 1.8c_s$，$c_s \approx 1.1c_r$。

声波在介质中的传播是由声参量（包括声阻抗、声速和声衰减系数等）决定的，因而深入分析研究介质的声参量具有重要意义。

2.1.5.4　声阻抗

超声波在介质中传播时，任一点的声压 p 与该点速度振幅 V 之比称为声阻抗，常用 Z 表示，单位为 $g/(cm^2 \cdot s)$ 或 $kg/(cm^2 \cdot s)$。

$$Z = p/V \tag{2-12}$$

声阻抗表示声场中介质对质点振动的阻碍作用。在同一声压下，介质的声阻抗越大，质点的振动速度就越小。不难证明：$Z = \rho c$，但这仅是声阻抗与介质的密度和声速之间的数值关系，绝非物理学表达式。同是固体介质（或液体介质）时，介质不同，其声阻抗也不同。同一种介质中，若波形不同，则 Z 值也不同。当超声波由一种介质传入另一种介质，或是在介质的界面上反射时，传播特性主要取决于这两种介质的声阻抗。

在所有传声介质中，气体、液体和固体的 Z 值相差较大，通常认为气体的密度约为液体密度的千分之一、固体密度的万分之一。试验证明，气体、液体与金属之间特性声阻抗之比接近 $1:3000:8000$。

2.1.5.5　声速

声波在介质中传播的速度称为声速，常用 c 表示。在同一介质中，超声波的波形不同，其传播速度也不同。超声波的声速还取决于介质的特性，如密度、弹性模量等。

声速又可分为相速度与群速度。

相速度是声波传播到介质的某一选定的相位点时，在传播方向上的声速。群速度是指传播声波的包络具有某种特性（如幅值最大）的点上，声波在传播方向上的速度。群速度是波群的能量传播速度，在非频散介质中，群速度等于相速度。

从理论上讲，声速应按照一定的方程式，并根据介质的弹性模量和密度来计算，声速的一般表达式为

$$声速 = \sqrt{弹性模量 / 密度} \tag{2-13}$$

2.1.6　超声波传播的衰减

波在实际介质中传播时，其能量将随距离的增大而减小，这种现象称为衰减。在传声介质中，单位距离内某一频率下声波能量的衰减值称为该频率下该介质的衰减系数。超声波的衰减指的是超声波在材料中传播时，声压或声能随距离的增大逐渐减小的现象。

引起衰减的原因主要有 3 个方面：（1）声束的扩散；（2）由于材料中的晶粒或其他微小颗粒引起声波的散射；（3）介质的吸收。

超声波的衰减包括扩散衰减、散射衰减和吸收衰减。

2.1.6.1　扩散衰减

声波在介质中传播时，因其波前在逐渐扩展，从而导致声波能量逐渐减弱的现象叫超声波的扩散衰减。它主要取决于波阵面的几何形状（例如是球面波还是柱面波），而与传播介质的性质无关。

对于平面波而言，由于波阵面为平面，波束并不扩散，因此不存在扩散衰减。如在活塞声源附近，就存在一个波束的未扩散区，在这一区域内不存在扩散衰减问题。而对于球面波和柱面波，声场中某点的声压 p 与其至声源的距离关系密切。在换测大型工件时，因探头晶片产生的超声场在距离大于 2 倍近场长度之后，要注意波阵面往往有较明显的扩展。

2.1.6.2　散射衰减

当声波在传播过程中遇到由不同声阻抗介质所组成的界面时，将产生散乱反射（简称散射）而使声能分散，造成衰减，这种现象称为散射衰减。

散射是物质的不均匀性产生的。不均匀材料含有声阻抗急剧变化的界面，在这两种物质的界面上，将产生声波的反射、折射和波型转换现象，必然导致声能的降低。在固体介质中，最常遇到的是多晶材料，每个晶粒之中，又分别由几个相组成。加上晶体的弹性各向异性和晶界均使声波产生散射，杂乱的散射声程复杂，且没有规律性。声能将转变为热能，导致了声波能量的降低。特别是在粗晶材料中，如奥氏体不锈钢、铸铁、黄铜等，对声波的散射尤其严重。材料中的杂质、粗晶、内应力、第二相、多晶体晶界等，均会引起声波的反射、折射，甚至波型转换，造成散射衰减。通常超声波检测多晶材料时，对频率的选择都注意要使波长远大于材料的平均晶粒度尺寸。当超声波在多晶材料中传播时，就像灯光被雾中的小水珠散射那样，只不过这时被散射的是超声波。当平均晶粒尺寸为波长的 1/1000~1/100 时，对声能的散射随晶粒度的增加而急剧增加，且约与晶粒度的 3 次方成正比。一般地，若材料具有各向异性，当平均晶粒尺寸在波长的 1/10~1 的范围内，常规的反射法检测工作就不能进行了。

2.1.6.3　吸收衰减

超声波在介质中传播时，由于介质质点间的内摩擦（使声能转变成热能）和热传导引起的声波能量衰减的现象，称为超声波的吸收衰减。

介质质点间的内摩擦、热传导、材料中的位错运动、磁畴运动等都是导致吸收衰减的原因。可由位错阻尼、非弹性迟滞、弛豫和热弹性效应等来解释。

在固体介质中，吸收衰减相对于散射衰减几乎可以忽略不计，但对于液体介质来说，吸收衰减是最主要的。吸收衰减和散射衰减使材料超声检测工作受到限制，分别克服两种限制的方法略有不同。

纯吸收衰减是声波传播将能量减弱或者说反射波减弱的现象，为消除这一影响，增强检测仪的发射电压和增益就可以了。另外，降低检测频率以减少吸收也可以达到此目的。比较难解决的是超声波在介质中的散射衰减。这是由于声波的散射在反射法中不仅降低了缺陷波以及底面反射波的高度，而且产生了很多种波形，在检测仪上表现为传播时间不同的反射波，即所谓的林状回波，而真正的缺陷反射波则隐匿其中。这犹如汽车驾驶人在雾中，自己车灯的灯光能够遮蔽自己的视野一样。在这种情况下，由于"林状回波"也同时增强，不管是提高检测仪的发射电压，还是增加增益，都无济于事。为消除其影响，只能采用降低检测频率的方法。但由于声束变钝和脉冲宽度增加，不可避免地限制了检测灵敏度的提高。

超声波在液体和气体中的衰减主要是由介质对声波的吸收作用引起的。有机玻璃等高分子材料的声速和密度较小，黏滞系数较大，吸收也很强烈。而一般金属材料对超声波吸收较小，与散射衰减相比可以忽略。

在超声检测中，谈到超声波在材料中的衰减时，通常关心的是散射衰减和吸收衰减，而不包括扩散衰减。对于平面波来说，声压幅值衰减规律可用下式表示：

$$p = p_0 \mathrm{e}^{-\alpha x} \tag{2-14}$$

在传声介质中，单位距离内某一频率下声波能量的衰减值称为该频率下介质的衰减系数，常用 α 表示。单位为 dB/m 或 dB/cm。

介质中超声波的衰减系数 α 与超声波的频率关系密切，通常情况下，衰减系数随频率的增高而增大。

$$\alpha = \frac{1}{x} 20 \lg \frac{p_0}{p} \quad (\mathrm{dB/mm}) \tag{2-15}$$

在超声检测中，直接可测量的量是两个声压比值的分贝数。因此衰减系数可通过超声波穿过一定厚度（Δx）材料后声压衰减的分贝（$\Delta \mathrm{dB}$）数进行测量，将衰减量（$\Delta \mathrm{dB}$）除以厚度即为衰减系数 α。

任务 2.2　超声波的波动特性

2.2.1　波的叠加原理（波的独立性原理）

当几列波在同一介质中传播时，如果在空间某处相遇，则相遇处质点的振动是各列波引起振动的合成，在任意时刻该质点的位移是各列波引起位移的矢量和，这就是波的叠加原理。几列波相遇后仍保持自己原有的频率、波长、振动方向等特性并按原来的传播方向继续前进，好像在各自的途中没有遇到其他波一样。比如石子落水，乐队合奏或几个人谈话。

2.2.2　波的干涉

两列频率相同，振动方向相同，位相相同或位相差恒定的波相遇时，介质中某些地方的振动互相加强，而另一些地方的振动互相减弱或完全抵消的现象称为波的干涉现象。产生干涉现象的波称为相干波，其波源称为相干波源。

波的叠加原理是波的干涉现象的基础，波的干涉是波动的重要特征。在超声波检测中，由于波的干涉，使超声波源附近出现了声压极大值和极小值的变化。

2.2.3　驻波

两列振幅相同的相干波在同一直线上沿相反方向传播时互相叠加而成的波，称为驻波。

2.2.4　惠更斯原理和波的衍射

惠更斯原理：波动中任何质点都可以看作是新的波源。

波的衍射（绕射）指波在传播过程中遇到与波长相当的障碍物时，能绕过障碍物边缘改变方向继续前进的现象。

波的衍射对探伤的利和弊：可以使超声波产生晶粒绕射顺利地在介质中传播。但会使一些小缺陷回波显著下降，以致造成漏检。

任务 2.3　超声波在介质中的传播特性

2.3.1　超声波垂直入射到平界面上的反射和透射

超声波在异质界面上的反射、透射和折射规律是超声检测的重要物理基础，当超声波垂直入射于大平界面时，主要考虑超声波能量经界面反射和透射后的重新分配和声压的变化，此时的分配和变化主要取决于界面两边介质的声阻抗。

超声波在无限大介质中传播时，将一直向前传播，并不改变方向。但遇到异质界面（即声阻抗差异较大的异质界面）时，会产生反射和透射现象。即有一部分超声波在界面上被反射回第一介质，称为反射波。另一部分透过介质交界面进入第二介质，称为透射波。当超声波从一种介质垂直入射到另一介质，由于两种介质的声阻抗不同，在其界面上入射的一部分按原来的途径被反射回来形成反射波，反射波的方向与入射波相反，声速不变。入射波的另一部分透过界面进入第二介质形成透射波，其方向与入射波相同，波型不变，但声速随着第二介质性质的不同发生变化。在界面上声能（声压、声强）的分配和传播方向的变化都将遵循一定的规律，如图 2-8 所示。

当超声波垂直入射到足够大的光滑平界面时，将在第一介质中产生一个与入射波方向相反的反射波。在第二介质中产生一个与入射波方向相同的透射波。反射波与透射波的声压（声强）是按一定比例分配的。这个分配比例由声压反射率（或声强反射率）和声压透射率（或声强透射率）来表示。界面上反射波声压 P_r 与入射波声压 P_0 之比称为界面的声压反射率，用 r 表示。

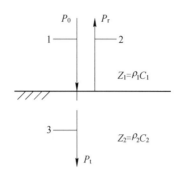

图 2-8　超声波垂直入射到平界面上的反射和透射

1—入射波；2—反射波；3—透射波；Z—声阻抗

$$r = \frac{P_r}{P_0} = \frac{Z_2 - Z_1}{Z_2 + Z_1} \tag{2-16}$$

式中　Z_1——介质 1 的声阻抗；

　　　Z_2——介质 2 的声阻抗。

界面上透射波声压 P_t 与入射波声压 P_0 之比称为界面的声压透射率。

$$\tau = \frac{P_t}{P_0} = 2\frac{Z_2}{Z_2 + Z_1} \tag{2-17}$$

式（2-17）表明：声压反射率和透射率与界面两侧的声阻抗有关。

当 $Z_1 = Z_2$ 声压反射率近似为零，入射波几乎全部透射入第二介质。

例如：钢轨接头的淬火部分和非淬火部分，焊缝母材与焊接金属之间阻抗很小，在探伤中无异常反射回波。

当 $Z_1 > Z_2$，例如：钢和机油界面，按计算反射率为 95%，透射率为 5%，在试块上调试灵敏度时，反射体（平底孔或横通孔）内渗入机油，会导致声能的透射而使反射回波有所下降。

当 $Z_1 \gg Z_2$，以钢和空气界面为例，超声波从钢进入空气界面时将有 100% 的反射。所以具有对缺陷检测的良好效果。

在钢轨探伤中，保护膜与探头之间的油层干枯，含有气泡或探头与钢轨之间水量不足，耦合不良，都会引起灵敏度下降。其原因是界面间进入了空气，使透入钢中的超声能量减少。

声压视为平面上单位面积所受的力，那么平面两侧的力应当平衡，故声压变化有 $P_0 + P_r = P_t$，结合上两式，可得 $1 + r = \tau$。

类似地，声强在界面两侧应满足能量守恒定律，所以有 $I_0 = I_r + I_t$。

界面上反射波声强 I_r 与入射波声强 I_0 之比称为声强反射率 R。

$$R = \frac{I_r}{I_0} = \frac{P_r^2/(2Z_1)}{P_0^2/(2Z_1)} = \frac{P_r^2}{P_0^2} \tag{2-18}$$

界面上投射声强 I_t 与入射声强 I_0 之比称为声强透射率 T。

$$T = \frac{I_t}{I_0} = \frac{I_0}{I_0} - \frac{I_r}{I_0} = 1 - R \tag{2-19}$$

即 $\qquad\qquad\qquad\qquad\qquad R + T = 1$

因此，

$$R = \left(\frac{Z_2 - Z_1}{Z_2 + Z_1}\right)^2 \qquad\qquad (2\text{-}20)$$

$$T = 1 - R = \frac{4Z_1 Z_2}{(Z_2 + Z_1)^2} \qquad\qquad (2\text{-}21)$$

以上说明声波垂直入射到平界面上时，声压和声强的分配比例仅与界面两侧介质的声阻抗有关。值得指出的是，在垂直入射时，界面两侧的声波必须满足两个边界条件：

一是一侧总声压等于另一侧总声压，否则界面两侧受力不等，将会发生界面运动；

二是两侧质点速度振幅相等，以保持波的连续性。

实际检测过程中，当 $Z_2 > Z_1$，$Z_2 < Z_1$、$Z_1 \gg Z_2$ 或 Z_1 约等于 Z_2 的情况是各不相同的。

上述超声波纵波垂直入射到单一平界面上的声压、声强与其反射率、透射率的计算公式，同样适用于横波入射的情况。但必须注意：在固/液、固/气界面上，横波将发生全反射，这是因为横波不能在液体和气体介质中传播。

实际检测中，常用到自发自收探头，例如对钢板进行检测时，认为声波垂直入射进入钢板内部，透射波到达底部后，声压在钢板/空气界面被完全反射，然后垂直返回，被探头接收。探头接收到的返回声压 P_t' 与入射声压 P_0 之比称为声压往复透过率，常用符号 T_p 表示。

$$T_p = \frac{P_t'}{P_0} = \frac{P_t}{P_0} \cdot \frac{P_t'}{P_t} = \frac{4Z_1 Z_2}{(Z_1 + Z_2)^2} \qquad\qquad (2\text{-}22)$$

对比声强透射率 T 和声压往复透过率 T_p，可知两者在数值上相等。

2.3.2　超声波倾斜入射到平界面上的反射、折射和波型转换

超声波以一定的倾斜角入射到异质界面上时，就会产生声波的反射和折射，并且遵循反射和折射定律。在一定条件下，界面上还会产生波型转换现象。

在两种不同介质之间的界面上，声波传输的几何性质与其他任何一种波的传输性质相同，即斯涅耳定律是有效的。不过声波与电磁波的反射和折射现象之间有所差异。当声波沿倾斜角到达固体介质的表面时，由于介质的界面作用，将改变其传输模式（例如从纵波转变为横波，反之亦然）。传输模式的变换还导致传输速度的变化，此时应以新的声波速度代入斯涅耳公式。

如图 2-9 所示，与光的反射不同的是，当介质 1 为固体时，界面上既产生反射纵波，同时又发生波型转换并产生反射横波，即反射后同时产生纵波与横波两种波型。这时，横波反射角 r_S 与纵波入射角 α_L 之间的关系与光学中的斯涅尔定律相同，为

$$\frac{\sin\alpha_L}{c_{L1}} = \frac{\sin r_L}{c_{L1}} = \frac{\sin r_S}{c_{S1}} = \frac{\sin\beta_L}{c_{L2}} = \frac{\sin\beta_S}{c_{S2}} \qquad\qquad (2\text{-}23)$$

若入射声波为横波，也会产生同样的现象，如图 2-9（b）所示，这时横波入射角 α_S 与横波反射角 r_S 相等。介质 1 为固体时纵波反射角与横波入射角之间的关系为

$$\frac{\sin\alpha_S}{c_{S1}} = \frac{\sin r_L}{c_{L1}} \qquad\qquad (2\text{-}24)$$

由于固体中纵波声速总是大于横波声速，因此，无论是纵波入射还是横波入射，均有 $r_L > r_S$。当介质 1 为液体或气体时，则入射波和反射波只能为纵波。

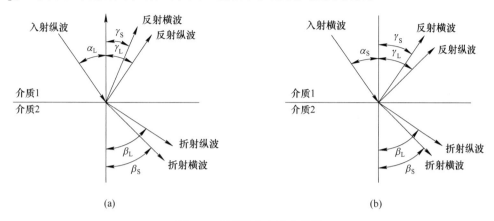

图 2-9　超声波在介质中传播

2.3.3　临界角

当第二种介质中的折射波形的声速比第一种介质中入射波形的声速大时，折射角大于入射角。此时，存在一个临界入射角，在这个角度下，折射角等于 90°。大于这一角度时，第二种介质中不再有相应波形的折射波。

2.3.3.1　第一临界角

当入射波为纵波，且 $c_{L2} > c_{L1}$ 时，使纵波折射角达到 90°（即 $\beta_L = 90°$）的纵波入射角 α_L 称为第一临界角，用符号 α_I 表示。当纵波入射角大于第一临界角时，第二介质中不再有折射纵波。当 $\alpha_L = \alpha_I$ 时，第二介质中将只存在折射横波。

$$\alpha_I = \arcsin \frac{c_{L1}}{c_{L2}} \tag{2-25}$$

2.3.3.2　第二临界角

当入射波为纵波，第二介质为固体，且 $c_{S2} > c_{L1}$ 时，使横波折射角达到 90°（$\beta_S = 90°$）的纵波入射角为第二临界角，用符号 α_{II} 表示。

$$\alpha_{II} = \arcsin \frac{c_{L1}}{c_{S2}} \tag{2-26}$$

当 $\alpha_L = \alpha_{II}$ 时，第二介质中无折射纵波和折射横波，在介质的表面产生表面波。

通常在超声检测中，临界角主要应用于第二介质为固体，而第一介质为固体或液体的情况。这种情况下，可利用入射角在第一临界角和第二临界角之间的范围，在固体中产生一定角度范围内的纯横波，对试件进行检测。

2.3.3.3　第三临界角

第三临界角是在固体介质与另一种介质的界面上，用横波作为入射波时产生的。使纵波反射角达到 90°（$\alpha_L = 90°$）时的横波入射角称为第三临界角，用符号 α_{III} 表示。

$$\alpha_{\text{III}} = \arcsin \frac{c_{S1}}{c_{L1}} \tag{2-27}$$

只有第一介质为固体时才有第三临界角，如图 2-10 所示。

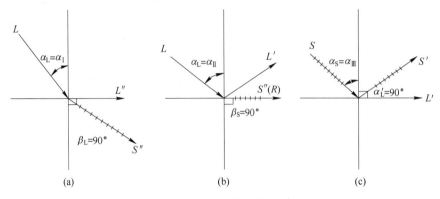

图 2-10　临界角

（a）第一临界角 α_{I}；（b）第二临界角 α_{II}；（c）第三临界角 α_{III}

2.3.4　平面波在曲界面上的反射和透射

2.3.4.1　反射波

超声波入射时，凹界面的反射波聚焦，凸曲面的反射波发散。反射波波阵面的形状取决于曲界面的形状。

界面为球面时，具有焦点。反射波波阵面为球面，凹球面上的反射波好像从实焦点发出的球面波，凸球面上的反射波好像是从虚焦点发出的球面波。

界面为柱面时，具有焦轴。反射波波阵面为柱面，凹柱面上的反射波好像是从实焦轴发出的柱面波，凸柱面上的反射波好像是从虚焦轴发出的柱面波。

2.3.4.2　透射波

平面波入射到曲面上时，其透射波也将发生聚焦或发散，如图 2-11 所示。这时透射波的聚焦或发散不仅与曲面的凹凸有关，而且与界面两侧介质的声速有关。

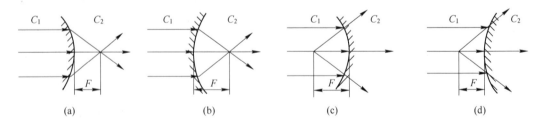

图 2-11　平面波在曲面上的透射

（a）$c_1 < c_2$ 凹曲面；（b）$c_1 > c_2$ 凸曲面；（c）$c_1 > c_2$ 凹曲面；（d）$c_1 < c_2$ 凸曲面

对于凹面，$c_1 < c_2$ 时聚焦，$c_1 > c_2$ 时发散；

对于凸面，$c_1 > c_2$ 时聚焦，$c_1 < c_2$ 时发散。

透射后的焦距 F 为：

$$F = \frac{r}{1 - \dfrac{c_2}{c_1}} \tag{2-28}$$

任务 2.4　活塞源声场

2.4.1　波源轴线上的声压分布

在连续简谐纵波且不考虑介质衰减的条件下，图 2-12 所示的液体介质中圆盘上一点波源 dS 辐射的球面波在波源轴线上 0 点引起的声压为

$$dp = \frac{p_0 dS}{\lambda r} \sin(\omega t - kr) \tag{2-29}$$

式中　p_0——波源的起始声压；

　　　dS——点波源的面积；

　　　λ——波长；

　　　r——点波源至 Q 点的距离；

　　　k——波数；

　　　ω——圆频率；

　　　t——时间。

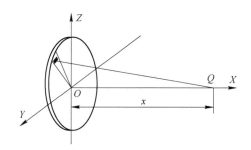

图 2-12　圆盘波源轴线上声压推导

根据波的叠加原理，做活塞振动的圆盘波源上各点波源在轴线上 Q 点引起的声压可以线性叠加，所以对整个波源面积进行积分可以得到波源轴线上任一点的声压，其幅值为

$$p = 2p_0 \sin \frac{\pi}{\lambda} \left(\sqrt{R_S^2 + x^2} - x \right) \tag{2-30}$$

式中　R_S——波源半径；

　　　x——轴线上 Q 点至波源的距离。

根据牛顿二项式，当 $x \geq 2R_S$ 且 $x \geq 3R_S^2/\lambda$ 时，声压公式可简化为

$$p \approx \frac{p_0 \pi R_S^2}{\lambda x} = \frac{p_0 F_S}{\lambda x} \tag{2-31}$$

式中　F_S——波源面积；$F_S = \pi R_S^2 = \pi D_S^2/4$（$D_S$ 为波源直径）。

可见，当 $x \geqslant 3R_S^2/\lambda$ 时，圆盘波源轴线上的声压与距离成反比，与波源面积成正比。波源轴线上的声压随距离变化的情况如图 2-13 所示。

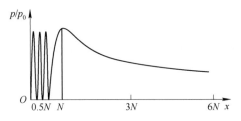

图 2-13　圆盘波源轴线上声压分布

2.4.2　近场区

波源附近由于波的干涉而出现一系列声压极大值的区域，称为超声场的近场区，又称为菲涅耳区。近场区声压分布不均，这是由于波源各点至轴线上某点的距离不同，存在波程差，互相叠加时存在相位差而互相干涉，使某些地方声压互相加强，另一些地方互相减弱，于是就出现了声压极大值、极小值的点。

波源轴线上最后一个声压极大值至波源的距离称为近场区长度，用 N 表示。

$$N = \frac{D_S^2 - \lambda^2}{4\lambda} \approx \frac{D_S^2}{4\lambda} = \frac{R_S^2}{\lambda} = \frac{F_S}{\pi\lambda} = \frac{A_S f}{\pi c} \tag{2-32}$$

由上式可知，近场区长度与波源面积成正比，与波长成反比。在近场区检测定量是不利的，处于声压极小值处的较大缺陷回波可能性较低，而处于声压极大值处的较小缺陷回波可能性很高，这就容易引起误判，甚至漏检，因此应尽可能避免在近场区检测定量。

2.4.3　远场区

波源轴线上至波源距离 $x > N$ 区域称为远场区。远场区轴线上的声压随距离单调减小。当 $x > 3N$ 时，声压与距离成反比，近似球面波的规律，$p = p_0 F_S/(\lambda x)$。这是因为距离足够大时，波源各点至轴线上某一点的波程差很小，引起的相位差也很小，这时干涉现象可忽略不计。所以远场区轴线上不会出现声压极大值、极小值。

超声场近场区与远场区各横截面上的声压分布是不同的。在近场区内，存在中心轴线上声压为 0 的截面，如 $x = 0.5N$ 的截面，中心声压为 0，偏离中心声压较高。在远场区内，轴线上的声压最高，偏离中心的声压逐渐降低，且同一横截面上声压的分布是完全对称的。因此，规定要在 $2N$ 以外进行探头波束轴线的偏离和横波斜探头 K 值的测定。

2.4.4　波束的指向性和半扩散角

超声场中离波源充分远处同一横截面上各点的声压是不同的，轴线上的声压最高。实际检测中，只有当波束轴线垂直于缺陷时，缺陷回波才最高就是这个原因。圆盘波源辐射的纵波声场的第一零值发散角，又称为半扩散角或指向角，用 θ_0 来表示。当声源为圆形活塞声源且直径为 D_S 时，用 θ_0（°）来描述主声束宽度，即

$$\theta_0 = \sin^{-1}\left(1.22\frac{\lambda}{D_S}\right) \approx 70\lambda/D_S \tag{2-33}$$

任务 2.5 各种规则反射体的反射规律

规则反射体的反射规律是研究超声检测的物理基础，规则反射体可以分为大平底、平底孔、圆柱面和球面等，这里只介绍在不考虑介质衰减的理想条件下，大平底、平底孔、长横孔、短横孔、球孔和圆柱体曲底面超声波的回波声压和反射规律。

2.5.1 大平底的反射

大平底是常见的反射面，如厚板的轧制面等，一般用 B 来表示。在 $x \geq 3N$ 的圆盘波源轴线上，超声波在与波束轴线垂直的大平底上的反射就是球面波在平面上的反射，其回波声压 P_B 为

$$P_B = \frac{p_0 F_S}{2\lambda x} \tag{2-34}$$

式中 P_B——探头波源的起始声压；

       F_S——探头波源的面积，$F_S = \pi D_S^2/4$；

       λ——波长；

       x——平底孔到波源的距离。

可见，大平底的反射声压与其距声源的距离成反比，也就是说距离每增加一倍，反射声压将减小 1/2，或者说将减小 6 dB。

2.5.2 平底孔的反射

平底孔也是常见的反射体，在 $x \geq 3N$ 的圆盘波源轴线上存在一平底孔缺陷，则探头接收到的平底孔回波声压 P_f 为

$$P_f = \frac{p_0 F_S F_f}{\lambda^2 x^2} \tag{2-35}$$

式中 p_0——探头波源的起始声压；

       F_S——探头波源的面积，$F_S = \pi D_S^2/4$；

       F_f——平底孔缺陷的面积，$F_f = \pi D_f^2/4$；

       λ——波长；

       x——平底孔至波源的距离。

可见，平底孔的反射规律为其反射声压与其距声源距离的平方成反比，与平底孔的面积成正比。换句话说，距离每增加一倍，反射声压将减少 1/4，也就是减小 12 dB；而平底孔直径每增加一倍，反射声压将上升 4 倍，也就是增大 12 dB。

2.5.3 长横孔的反射

在 $x \geq 3N$ 的圆盘波源轴线上存在一长横孔缺陷，长横孔直径较小，长度大于波束截面尺寸，超声波垂直入射到长横孔上全反射，类似于球面波在柱面的反射，则探头接收到的长横孔回波声压 P_f 为

$$P_f = \frac{p_0 F_S}{2\lambda x}\sqrt{\frac{D_f}{D_f + 2x}} \approx \frac{p_0 F_S}{2\lambda x}\sqrt{\frac{D_f}{2x}} \tag{2-36}$$

式中　D_f——长横孔直径；

　　　x——长横孔深度。

可见，检测条件（F_S，λ）一定时，长横孔回波声压与长横孔的直径平方根成正比，与距离的 3/2 次方成反比。长横孔直径一定，距离增加一倍，回波减小 9 dB；长横孔距离一定，直径增加一倍，回波增大 3 dB。

2.5.4　短横孔的反射

短横孔是长度明显小于波束截面尺寸的横孔。在 $x \geqslant 3N$ 的圆盘波源轴线上存在一短横孔缺陷，则探头接收到的短横孔回波声压 P_f 为

$$P_f = \frac{p_0 F_S}{2\lambda x}\sqrt{\frac{D_f}{D_f + 2x}} \approx \frac{p_0 F_S}{\lambda x}\frac{l_f}{2x}\sqrt{\frac{D_f}{\lambda}} \tag{2-37}$$

式中　l_f——短横孔长度；

　　　D_f——短横孔直径；

　　　x——距横孔距离。

可见，检测条件（F_S，λ）一定时，短横孔回波声压与短横孔的长度成正比，与直径的平方根成正比，与距离的平方成反比。短横孔直径和长度一定时，距离增加一倍，回波减小 12 dB，与平底孔变化规律相同；直径和距离一定时，长度增加一倍，回波增大 6 dB；长度和距离一定时，直径增加一倍，回波增大 3 dB。

2.5.5　球孔的反射

在 $x \geqslant 3N$ 的圆盘波源轴线上存在一球孔缺陷，超声波垂直入射到球孔上的反射，类似于球面波在球面上的反射，则探头接收到的球孔回波声压 P_f 为

$$P_f = \frac{p_0 F_S}{\lambda x}\frac{D_f}{4(x + D_f/2)} \approx \frac{p_0 F_S}{\lambda x}\frac{D_f}{4x} \tag{2-38}$$

式中　D_f——球孔直径。

可见，检测条件（F_S，λ）一定时，球孔回波声压与球孔的直径成正比，与距离的平方成反比。球孔直径一定时，距离增加一倍，回波减小 12 dB；球孔距离一定时，直径增加一倍，回波增大 6 dB。

2.5.6　圆柱体曲底面的反射

超声波径向入射至 $x \geqslant 3N$ 实心圆柱，类似于球面波在凹柱曲底面上的反射，其反射规律和回波声压与大平底面相同。空心圆柱体外圆周径向检测，$x \geqslant 3N$，类似于球面波在凸柱面上的反射，回波声压 P_f 为

$$P_f = \frac{p_0 F_S}{2\lambda x}\sqrt{\frac{d}{D}} \tag{2-39}$$

式中　d——内孔直径；

　　　D——外圆直径。

式（2-39）表明，外圆周检测空心圆柱体，其回波声压小于同距离大平底面回波声压，因为凸柱面反射波发散。

空心圆柱体内孔径向检测，$x \geqslant 3N$，类似于球面波在凹柱面上的反射，回波声压 P_f 为

$$P_f = \frac{p_0 F_S}{2\lambda x} \sqrt{\frac{D}{d}} \qquad (2-40)$$

式（2-40）表明，内孔检测空心圆柱体，其回波声压大于同距离大平底面回波声压，因为凹柱面反射波聚焦。

任务 2.6　超声波检测设备及器材

超声检测设备及器材主要包括超声波检测仪、探头、试块、耦合剂及其附属部件。一般采用标准试块评判并调整超声检测仪的性能。

2.6.1　超声波检测仪

超声波检测仪是检测的主体设备，其主要功能是产生超声频率电振荡，并以此来激励探头发射超声波。同时，它又将探头送来的电信号予以放大、处理并通过一定方式显示出来。

按超声波的连续性可将检测仪分为脉冲波、连续波和调频波检测仪 3 种。脉冲式超声波检测仪应用最广泛，如图 2-14 所示。

图 2-14　脉冲式超声波检测仪

按缺陷显示方式可将检测仪分为 A 型显示、B 型显示、C 型显示和 3D 显示等超声检测仪，如图 2-15 所示。

A 型显示来源于英文单词 Amplitude，即幅值的意思，也即显示器的横坐标是超声波在被检测材料中的传播时间或者传播距离，纵坐标是超声波反射波的幅值。基于 A 扫描的缺陷判定方式，当在一个钢工件中存在一个缺陷，由于这个缺陷的存在，造成了缺陷和钢材料之间形成了一个不同介质之间的交界面，交界面之间的声阻抗不同，当发射的超声波遇到这个界面之后，就会发生反射，反射回来的能量又被探头接收到，在显示屏幕中横坐标的一定的位置就会显示出来一个反射波的波形，横坐标的这个位置就是缺陷在被检测材料中的深度。这个反射波的高度和形状因不同的缺陷而不同，反映了缺陷的性质。

B 扫描来源于英文单词 Birightness，亮度的意思，扫描图像以二维图像显示，屏幕显示的是与声速传播方向平行且与工件的测量表面垂直的剖面。其亮度信息，则是通过计算

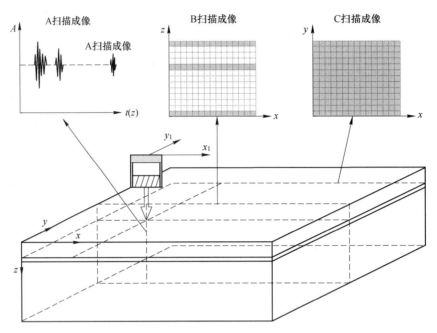

图 2-15　超声检测的 A、B、C 型显示方式

反射回来的超声波的强弱来确定。

　　C 扫描来源于英文 Constant depth，意思是恒定的深度，是对某一深度的截面进行扫描，是二维平面内移动并选取 A 扫描特定深度的点的信号成像，显示的是水平截面的缺陷信息。C 扫描显示仪器示波屏代表被检工件的投影面，这种显示能绘出缺陷的水平投影位置，但不能给出缺陷的埋藏深度。如果把 B 扫描看成垂直向下扫描，那么 C 扫描就是水平的截面扫描，缺陷的多个水平截面堆积就形成了一个立体的三维图形。

　　在衍射时差法超声检测（TOFD）中，采用非平行扫查方式时为 D 扫描成像，而采用平行扫查时则为 B 扫描成像。

　　按超声波的通道数目又可将检测仪分为单通道和多通道检测仪两种。单通道仪器由一个或一对探头单独工作；多通道仪器则是由多个或多对探头交替工作，每一通道相当于一台单通道检测仪，适用于自动化检测。

　　根据采用的信号处理技术不同，超声检测仪还可分为模拟式和数字式两种。目前普遍采用数字式超声检测仪。

2.6.2　探头

　　探头又称为压电超声换能器，是实现电—声能量相互转换的能量转换器件。由于工件形状和材质、检测目的及检测条件等的不同，将使用各种不同形式的探头。

　　探头有直探头、斜探头、水浸聚焦探头和双晶探头等几种，一般常用前两种探头进行检测。

2.6.2.1　直探头

　　声束垂直于被探工件表面入射的探头称为直探头，可发射和接收纵波。由压电晶片、吸收块、保护膜和壳体等组成，如图 2-16 所示。

　　纵波直探头只能发射和接收纵波，波束轴线垂直于探测面，主要用于探测与探测面平

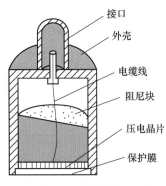

图 2-16　纵波直探头

行的缺陷，如锻件、钢板中的夹层、折叠等缺陷。适用于探测晶片正下方与声束垂直的缺陷。检测灵敏度高，探测深度较大，适用范围广。

阻尼块的作用是晶片在受激励震荡后立即停下来，使脉冲宽度变小，分辨率提高，吸收背面的杂波，支撑固定晶片。

2.6.2.2　斜探头

利用透声斜楔块使声束倾斜于工件表面射入工件的探头称为斜探头。通常横波斜探头以钢中的折射角标称：$\gamma = 40°$、$45°$、$50°$、$60°$、$70°$；有时也以折射角的正切值标称：$K = \tan\gamma = 1.0$、1.5、2.0、2.5、3.0。

斜探头可分为纵波斜探头（$a_L < a_I$），横波斜探头（$a_L = a_I \sim a_{II}$）和表面波探头（$a \geq a_{II}$）。横波斜探头是利用横波探伤，主要是用于检测与探测面垂直或成一定角度的缺陷，如焊接汽轮机叶轮等。表面波探头当入射角大于第二临界角在工件中产生表面波，主要检测工件表面缺陷。斜探头的结构，如图 2-17 所示。

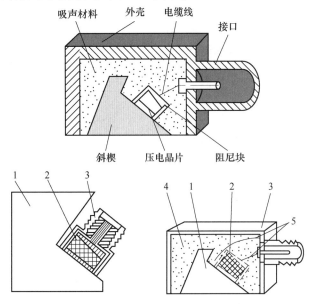

图 2-17　斜探头的结构

1—透声楔；2—晶片；3—壳体和电缆插接件；4—阻尼块；5—内部电源线

　　斜楔的作用是实现波形转换，使被探工件中只存在折射横波，斜楔的纵波声速必须小于工件中的纵波声速，要耐磨，易加工，对超声波的衰减系数小。

　　斜探头是通过波形转换来实现横波探伤的，适合探测探头斜下方不同角度方向的缺陷；如焊缝中的未焊透、夹渣、未熔合等缺陷。探测深度较小，适用直探头难以探测的部位；检测灵敏度较高。

2.6.2.3　水浸聚焦探头

　　水浸聚焦探头是一种超声探头和声透镜组合而成的探头，如图 2-18 所示。由于声束聚集区能量集中，声束尺寸小，因而可提高灵敏度和分辨力。聚焦探头分为点聚焦和线聚焦。点聚焦理想焦点为一点，其声透镜为球面；线聚焦理想焦点为一条线，其声透镜为柱面。

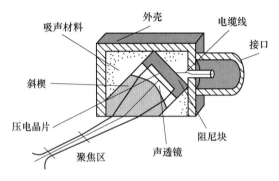

图 2-18　聚焦探头

2.6.2.4　双晶探头

　　双晶探头内含两个压电晶片，分别为发射、接收晶片，中间用隔声层隔开，如图 2-19 所示。主要用于近表面检测及已知缺陷的定点测量和测厚。双晶探头的主要参数为频率晶片尺寸和声束汇集区的范围。

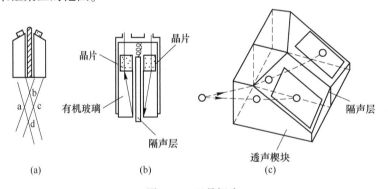

图 2-19　双晶探头

（a）双斜探头声场棱形区；（b）构造简图；（c）透声模块

　　双晶探头一般用于定向定位检测；探测深度较小；检测灵敏度较高。

2.6.2.5　可变角探头

　　晶片产生超声波的入射方向可以改变，入射角可变，转动压电晶片可使入射角连续变化，从而实现纵波、横波、表面波和板波探伤。一个探头可进行多个方向上探测，是一种多功能探头，如图 2-20 所示。

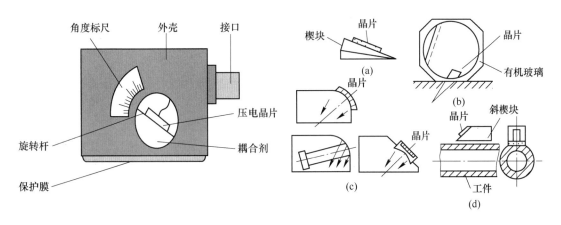

图 2-20　可变角探头

探头的标识（表示方法）如图 2-21 所示，探头的型号及规格如图 2-22 所示。

晶片材料表示法

压电材料	代号
锆钛酸铅陶瓷	P
钛酸钡陶瓷	B
钛酸铅陶瓷	T
铌酸锂单晶	L
碘酸锂单晶	I
石英单晶	Q
其他压电材料	N

探头种类表达法

探头名称	代号
直探头	Z
斜探头	K
斜探头(折射角表示)	X
联合双探头(分割探头)	FG
水浸探头	SJ
表面波探头	BM
可变角探头	KB

图 2-21　探头的表示方法

基本频率：探头的发射频率，用阿拉伯数字表示，单位为 MHz。
晶片材料：用化学元素缩写符号表示。
晶片尺寸：压电晶片的大小，圆形晶片用直径表示，矩形用长乘宽表示，单位 mm。
探头种类：用汉语拼音缩写字母表示。
探头特征：用汉语拼音缩写字母表示。

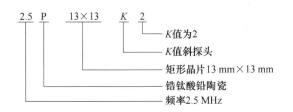

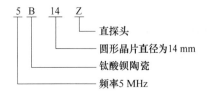

图 2-22　探头的型号及规格

探头的主要使用性能指标除频率外，还有检测灵敏度和分辨力。检测灵敏度是指探头与检测仪配合起来，在最大深度上发现最小缺陷的能力，它与探头的换能特征有关。一般来讲，效率高、接收灵敏度高的探头，其检测灵敏度也高，且辐射面积越大，检测灵敏度越高。检测分辨力可分为横向分辨力和纵向分辨力，纵向分辨力是指沿声波传播方向，对两个相邻缺陷的分辨能力。脉冲越窄，频率越高，分辨力越高。然而其灵敏度越高，则分辨力越低。横向分辨力是指声波传播方向上对两个并排缺陷的分辨能力，探头发射的声束越窄，频率越高，则横向分辨力越高。总之，探头的频率、频率特性及其辐射特性均对超声检测有很大影响。在选择探头时，首先必须分清两个问题：缺陷的检出和缺陷大小与方位的确定。从理论上讲，高强度细声束的探头对于小缺陷具有较强的检出能力，但是被检出的缺陷只限于声束轴线上很小的范围内。因此，使用细声束探头进行超声检测时，必须认真考虑由于缺陷漏检而造成的危害。大多数探头的直径为 5~40 mm，直径大于 40 mm 时，由于很难获得与之对应的平整的接触面，故一般不予采用。

众所周知，在近场区内底波高度与探头晶片的面积成正比，但在远场区则与晶片面积的平方成正比。换言之，在远场区底波高度是按晶片直径的 4 次方变化的，所以当晶片直径小于 5 mm 时，由于检测灵敏度显著下降，因此难以采用。不同的检测目的、使用仪器和环境条件对探头的要求是不一样的。

总之，性能稳定、结构可靠、使用方便，并能够适应工作环境等是选择探头的基本要求。

2.6.3　试块

按一定用途设计制作的具有简单形状人工反射体的试件，称为试块，它是检测标准的一个组成部分，是判定检测对象质量的重要尺度，如图 2-23 所示。与一般的测量过程一样，为了保证检测结果的准确性与重复性、可比性，必须用一个具有已知固定特性的试样（试块）对检测系统进行校准。

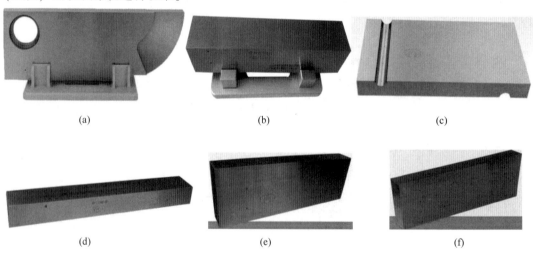

(a)　　　　　　　　　　　(b)　　　　　　　　　　　(c)

(d)　　　　　　　　　　　(e)　　　　　　　　　　　(f)

图 2-23　试块

(a) CSK-ⅠA 试块；(b) CSK-ⅡA 试块；(c) CSK-ⅢA 试块；

(d) RB-1 试块；(e) RB-2 试块；(f) RB-3 试块

2.6.3.1 试块的作用

（1）确定探伤灵敏度。超声波探伤灵敏度太高或太低都不好，太高杂波多，判别困难，太低会引起漏检。因此在超声波探伤前，常用试块上某一特定的人工反射体来调整探伤灵敏度。

（2）测试仪器和探头的性能。超声波探伤仪和探头的一些重要性能，如放大线性、水平线性、动态范围、灵敏度余量、分辨力、盲区、探头的入射点、K 值等都是利用试块来测试的。

（3）调整扫描速度。利用试块可以调整仪器示波屏上水平刻度值与实际声程之间的比例关系，即扫描速度，以便对缺陷进行定位。

（4）评判缺陷的大小。利用某些试块绘出的距离–波幅–当量曲线（即实用 AVG）来对缺陷定量是目前常用的定量方法之一。特别是 $3N$ 以内的缺陷，采用试块比较法仍然是最有效的定量方法。

此外还可利用试块来测量材料的声速、衰减性能等。

2.6.3.2 试块的类型

根据使用目的和要求，通常将试块分成以下 3 大类：标准试块、对比试块和模拟试块。

A 标准试块

标准试块是指材质、形状、尺寸及表面状态等均由某权威机关制定并讨论通过的试块，国际权威机关讨论通过的试块为国际标准试块；国家权威机关讨论通过的试块为国家标准试块；行业、部门权威机关讨论通过的试块为行业、部门标准试块。JB/T 4713.3—2015 标准中规定焊接接头用标准试块有 CSK-ⅠA、CSK-ⅡA、CSK-ⅢA 和 CSK-ⅣA；钢板用标准试块有 CBⅠ和 CBⅡ；锻件用标准试块有 CSⅠ、CSⅡ和 CSⅢ。

标准试块可用于测试检测仪的性能、调整检测灵敏度和声程的测定范围。标准试块通常具有规定的材质、形状、尺寸及表面状态，如我国的标准试块 CSK–ⅠA、CSK-ⅡA（图 2-24），以及国际标准试块ⅡW、ⅡW2 等。

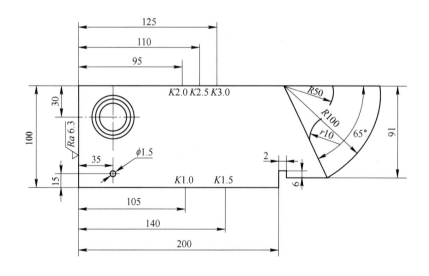

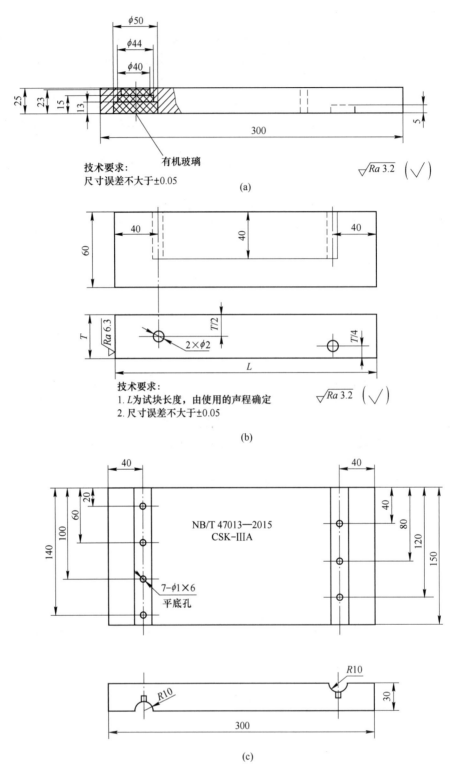

图 2-24 标准试块结构

(a) CSK-ⅠA 试块；(b) CSK-ⅡA 试块；(c) CSK-ⅢA 试块

B　对比试块

对比试块又称为参考试块，是以特定方法检测特定工件时采用的试块，含有意义明确的人工反射体（平底孔、槽等）。它与被检工件材料声学特性相似，对比试块的外形尺寸和表面粗糙度应能代表被检工件的特征，试块厚度应与被检工件的厚度相对应。如果涉及到检测两种或两种以上不同厚度部件焊接接头时，试块厚度应由其最大厚度来确定。如我国的 RB-1 试块。

对比试块主要用于检测校准以及评估缺陷的当量尺寸，也用于将所检出的不连续信号与试块中已知反射体产生的信号相比较。

常用的对比试块有：半圆试块和 RB-1、RB-2、RB-3 试块，如图 2-25 所示。

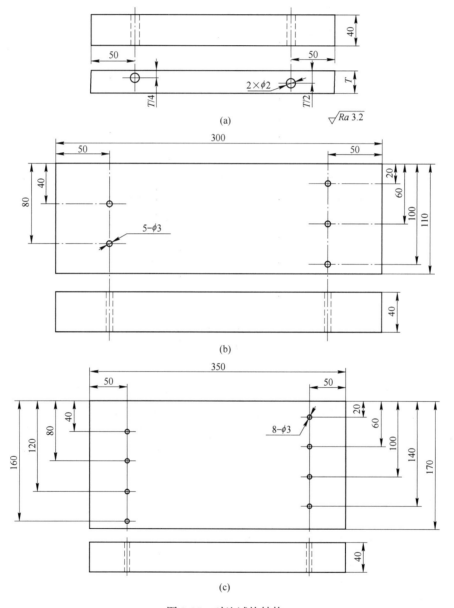

图 2-25　对比试块结构
（a）RB-1 试块；（b）RB-2 试块；（c）RB-3 试块

NB/T 47013.3—2015 规定 RB-1（适用于 8~25 mm 板厚）、RB-2（适用于 8~100 mm 板厚）和 RB-3（适用于 8~150 mm 板厚）为焊缝检测用对比试块。

RB 试块主要用于测定斜探头的 K 值、绘制距离－波幅曲线、调整探测范围和扫描速度、确定检测灵敏度和评定缺陷大小，它是对工件进行评级判废的依据。

C　模拟试块

模拟试块是含有模拟缺陷的试块，主要用于检测方法的研究、无损检测人员资格考核和评定、评价和验证仪器探头系统的检测能力和检测工艺等。

a　模拟试块的基本要求

（1）材料应尽可能与被检工件相同或相近。

（2）外形尺寸尽可能与被检工件一致，表面状态与被检工件相同或相近。

（3）采用模拟缺陷制作，模拟工件中实际缺陷而制作的样件，或在以往检测中发现含自然缺陷的样件。统一制作困难，注意差异。

（4）越来越受到重视，尤其是自动超声检测。

b　试块的使用和维护

（1）试块应在适当部位编号，以防混淆。

（2）试块在使用和搬运过程中应注意保护，防止碰伤或擦伤。

（3）使用试块时应注意清除反射体内的油污和锈蚀。常用蘸油细布将锈蚀部位抛光，或用合适的去锈剂处理。平底孔在清洗干燥后用尼龙塞或胶合剂封口。

（4）注意防止试块锈蚀，使用后停放时间长，要涂敷防锈剂。

（5）要注意防止试块变形，如避免火烤，平板试块尽可能立放防止重压。

2.6.4　耦合剂

当探头和试件之间有一层空气时，超声波的反射率几乎为 100%，即使很薄的一层空气也可以阻止超声波传入试件。因此，排除探头和试件之间的空气非常重要。超声耦合剂是指超声波在探测面上的声强透射率，声强透射率高，超声耦合好。

为使声束能较好地透过界面射入工件中，而在探头和检测面之间施加的液体薄层称为耦合剂。耦合剂就是为了改善探头和试件间声能的传递而加在探头和检测面之间的液体薄层。耦合剂的作用在于可以填充探头与试件间的空气间隙，排除探头与工件表面之间的空气，使超声波能有效地传入工件，达到检测的目的。此外耦合剂有润滑作用，可以减少探头和试件之间的摩擦，防止试件表面磨损探头，并使探头便于移动。

在液浸法检测中，通过液体实现耦合，此时液体也是耦合剂。

常用的耦合剂有水、甘油、变压器油、化学糨糊等。

一般耦合剂的特点是：

（1）能润湿工件和探头表面，流动性、黏度和附着力均要适当，不难清洗。

（2）声阻抗要高，透声性能好。

（3）来源广，价格便宜。

（4）对工件无腐蚀，对人体无害，不污染环境。

（5）性能稳定，不易变质，能长期保存。

任务 2.7 超声波检测的方法

超声波探伤方法很多，但在探测条件、耦合与补偿、仪器的调节、缺陷的定位、定量、定性等方面却存在一些通用的技术问题。掌握这些通用技术对于发现缺陷并正确评价是很重要的。

超声检测是利用超声波在物体中的传播、反射和衰减等物理特性来发现缺陷的一种检测方法。按其工作原理可分为脉冲反射法、穿透法、共振法和衍射时差法超声检测等；按显示缺陷的方式可分为 A 型、B 型、C 型和 3D 型显示超声检测等；按所使用的超声波波形可分为纵波法、横波法、表面波法和板波法超声检测等；按探头与工件的接触方式可分为直接接触法和液浸法超声检测等。但目前用得最多的是 A 型脉冲反射法。

2.7.1 脉冲反射法

超声波探头发射脉冲波到被检试件内，根据反射波的情况来检测试件缺陷的方法，称为脉冲反射法，是应用最广泛的一种超声检测方法。脉冲反射法包括缺陷回波法、底波高度法和多次底波法。

2.7.1.1 缺陷回波法

缺陷回波法是根据仪器示波屏上显示的缺陷波形进行判断的一种方法。该方法是反射法的基本方法。图 2-26 所示为缺陷回波探伤法的基本原理，当试件完好时，超声波可顺利传播到达底面，探伤图形中只有表示发射脉冲 T 及底面回波 B 两个信号，如图 2-26（a）所示。若试件中存在缺陷，在探伤图形中，底面回波 B 前有表示缺陷的回波 F，如图 2-26（b）所示。

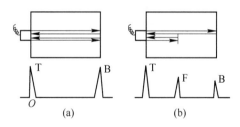

图 2-26 缺陷回波法原理

2.7.1.2 底波高度法

底波高度法是依据底面回波的高度变化来判断试件缺陷情况的探伤方法。当试件的材质和厚度不变时，底波回波高度应是基本不变的，如果试件内存在缺陷，底波回波高度应下降或消失，如图 2-27 底波高度法的特点在于同样投影大小的缺陷可以得到同样的指示，而且不出现盲区，但是要求被探试件的探测面与底面平行，耦合条件一致。由于该方法检出缺陷定位定量不便，灵敏度较低，因此，实用中很少作为一种独立的探伤方法，而经常作为一种辅助手段，配合缺陷回波法发现某些倾斜的和小而密集的缺陷。对于锻件采用直探头纵波检测法时常使用，如由缺陷引起的底波降低量。

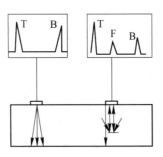

图 2-27 底波高度法原理

衡量缺陷大小的方法：

（1）F/BF 法。在一定的灵敏度条件下，以缺陷波高 F 与缺陷处底波高 BF 之比来衡量缺陷的相对大小。

（2）F/BG 法。在一定的灵敏度条件下，以缺陷波高 F 与无缺陷处底波高 BG 之比来衡量缺陷。

（3）BG/BF 法。在一定的灵敏度条件下，以靠近缺陷处的无缺陷区域内第一次底波幅度 BG 与缺陷区域内第一次底波幅度 BF 之比，用声压级（dB）值表示，来衡量缺陷的相对大小。

2.7.1.3 多次底波法

当透入试件的超声波能量较大，而试件厚度较小时，超声波可在面与底面之间往复传播多次，示波屏上出现多次底波 B_1、B_2、B_3、…，如果试件存在缺陷，则由于缺陷的反射以及散射而增加了声能的损耗，底面回波次数减少，同时也打乱了各次底面回波高度依次衰减的规律，并显示出缺陷回波，如图 2-28 所示。这种依据底面回波次数，而判断试件有无缺陷的方法，即为多次底波法。多次底波法主要用于厚度不大、形状简单、探测面与底面平行的试件探伤，缺陷检出的灵敏度低于缺陷回波法。

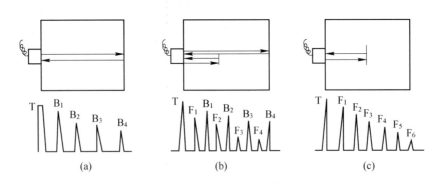

图 2-28 多次底波法

（a）无缺陷；（b）小缺陷；（c）大缺陷

缺陷的显示方式：

（1）A 型显示。一种波形显示，是将超声信号的幅度与传播时间的关系以直角坐标的形式显示出来，横坐标代表超声波的传播时间，纵坐标代表信号幅度。A 型显示是最基本的一种信号显示方式。示波管的电子束是振幅调制的。换言之，A 型显示的内容是探头驻留在工件上某一点时，沿声束传播方向的回波振幅分布。

（2）B 型显示。显示的是与声束传播方向平行且与工件的测量表面垂直的剖面（纵截面显示）。

（3）C 型显示。显示的是工件的横断面（横截面（投影）显示），为了挑选出从某一深度回来的超声信号，要用一个电子闸门，改变电子闸门延迟时间，就能测到物体在不同深度的横断面的像。

（4）D 型显示。显示的是与声束平面及测量表面都垂直的剖面（侧截面显示）。

图 2-29 就是焊缝中未焊透缺陷的 A、B、C、D 扫描显示。目前应用最多的是 A 型脉冲反射法。

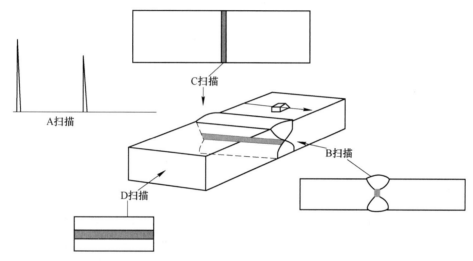

图 2-29　焊缝中的扫描显示

2.7.2　穿透法

穿透法是依据脉冲波或连续波穿透试件之后的能量变化来判断缺陷情况的一种方法，如图 2-30 所示。穿透法常采用两个探头，一个作发射用，一个作接收用，分别放置在试件的两侧进行探测，图 2-30、图 2-31 所示为穿透法和纵波法。

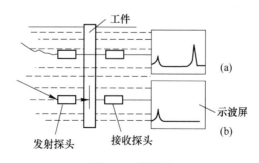

图 2-30　穿透法

（a）工件内没缺陷时示波屏显示；（b）工件内有缺陷时示波屏显示

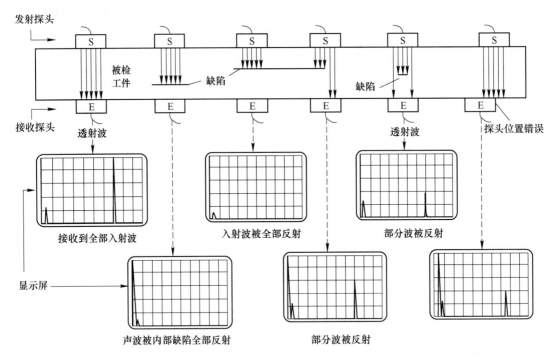

图 2-31　纵波法

2.7.3　共振法

若声波（频率可调的连续波）在被检工件内传播，当试件的厚度为超声波半波长的整一倍时，将引起共振。仪器显示出共振频率，用相邻的两个共振频率之差，算出试件厚度，当试件内存在缺陷或工件厚度发生变化时，将改变试件的共振频率。依据试件的共振特性，来判断缺陷情况和工件厚度变化情况的方法称为共振法。共振法常用于试件测厚。目前已很少使用共振法测厚。

2.7.4　直接接触法

依据探伤时探头与试件的接触方式，可以分为接触法与液浸法。

2.7.4.1　直接接触法

探头与试件探测面之间，涂有很薄的耦合剂层，因此可以看作为两者直接接触，这种探伤方法称为直接接触法。直接接触法超声检测有垂直入射法和斜角检测法两种，如图 2-32、图 2-33 所示。

直接接触法操作方便，探伤图形较简单，判断容易，检出缺陷灵敏度高，是实际探伤中用得最多的方法。

直接接触法探伤的试件，要求探测面光洁度较高。

2.7.4.2　液浸法

将探头和工件浸于液体中以液体作耦合剂进行探伤的方法，称为液浸法。使声波首先经过液体耦合剂，而后再入射到试件中，探头与试件并不直接接触。

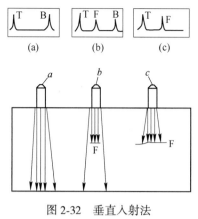

图 2-32　垂直入射法
（a）工件内没缺陷；（b）工件内有小缺陷；（c）工件内有大缺陷

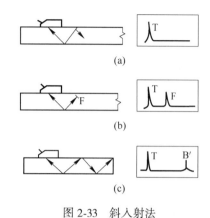

图 2-33　斜入射法

耦合剂可以是水，也可以是油。当以水为耦合剂时，称为水浸法。

液浸法探伤，探头不直接接触试件，所以此方法适用于表面粗糙的试件，探头也不易磨损，探头角度可任意调整，声波的发射、接收也比较稳定，耦合稳定，探测结果重复性好，便于实现自动化探伤，大大提高了检测速度。

液浸法的缺点是当耦合层较厚时，声能损失较大。另外，自动化检测还需要相应的辅助设备，有时是复杂的机械设备和电子设备，它们对单一产品（或几种产品）往往具有很高的检测能力，但缺乏灵活性。

总之，液浸法与直接接触法各有利弊，详见表 2-3，在实际检测时，应根据被检对象的具体情况（几何形状的复杂程度和产品的产量等）、应用的对象、目的和场合，结合两种方法的优缺点综合选择。

表 2-3　直接接触法和液浸法的区别

方法	优　　点	缺　　点
直接接触法	操作简便、灵敏度高、适用于手工操作	探头易磨损，工件表面粗糙度应控制在 6.3 μm 以内
液浸法	耦合稳定（不受工件表面粗糙度的影响）、探头不会磨损，盲区小（水钢界面波的宽度小于始脉冲宽度），调整探头的入射角，可获得任意角度的横波，由于声束扩散，常使用水浸聚焦探头	加表面活性剂润湿工件，必要时，适当对水加热，去除水中的气泡，防止杂波

液浸法按探伤方式不同又分为全浸没式和局部浸没式。

全浸没式是被检试件全部浸没于液体之中，适用于体积不大，形状复杂的试件探伤。

局部浸没式是把被检试件的一部分浸没在水中或被检试件与探头之间保持一定的水层而进行探伤的方法，使用于大体积试件的探伤。局部浸没法又分为喷液式、通水式和满溢式。

喷液式：超声波通过以一定压力喷射至探测表面的液流进入试件（图 2-34）。

通水式：借助于一个专用的有进水、出水口的液罩，以使罩内经常保持一定容量的液体。

满溢式：满溢罩结构与通水式相似，但只有进水口，多余液体在罩的上部溢出，这种方法称为满溢式。

根据探头与试件探测面之间液层的厚度，液浸法又可分为高液层法和低液层法。

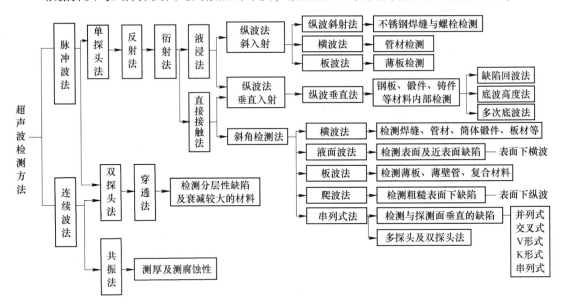

图 2-34 超声波检测的方法及应用

任务 2.8 超声检测条件的选择

2.8.1 超声检测等级的选择

根据标准规定，按质量要求将检验等级分为 A、B、C 3 级。检验的完善程度 A 级最低，适用于普通钢结构检验；B 级一般，适用于压力容器检验；C 级最高，适用于反应性容器与管道等的检验。

焊缝超声检测技术等级：

以 NB/T 47013.3—2015 为例，超声检测技术等级分为 A、B、C 3 个检测级别。超声检测技术等级的选择应符合制造、安装、在用等有关规范、标准及设计图样的规定，不同检测技术等级的要求如下。

2.8.1.1 A 级检测

A 级检测仅适用于母材厚度为 8~46 mm 的对接焊接接头，可用一种 K 值探头，采用直射波法和一次反射波法在对接焊接接头的单面单侧进行检测，一般不要求进行横向缺陷的检测。

2.8.1.2 B 级检测

（1）母材厚度为 8~46 mm 时，一般用一种 K 值探头采用直射波法和一次反射波法在对接焊接接头的单面双侧进行检测。

（2）母材厚度大于 46~120 mm 时，一般用一种 K 值探头采用直射波法在焊接接头的双面双侧进行检测，如受几何条件限制，也可在焊接接头的双面单侧或单面双侧采用两种

K 值探头进行检测。

（3）母材厚度为 120~400 mm 时，一般用两种 K 值探头采用直射波法在焊接接头的双面双侧进行检测。两种探头的折射角相差应不小于 10°。

（4）进行横向缺陷的检测时，可在焊接接头两侧边缘使探头与焊接接头中心线成 10°~20°。做两个方向的斜平行扫查，如图 2-35 所示。如焊接接头余高磨平，探头应在焊接接头及热影响区上做两个方向的平行扫查，如图 2-36 所示。

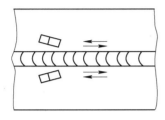

图 2-35　斜平行扫查

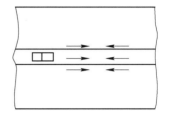

图 2-36　平行扫查

2.8.1.3　C 级检测

采用 C 级检测时应将焊接接头的余高磨平，对焊接接头两侧斜探头扫查经过的母材区域要用直探头进行检测。

（1）母材厚度为 8~46 mm 时，一般用两种 K 值探头采用直射波法和一次反射波法在焊接接头的单面双侧进行检测。两种探头的折射角相差应不小于 10°，其中一个折射角应为 45°。

（2）母材厚度为 46~400 mm 时，一般用两种 K 值探头采用直射波法在焊接接头的双面双侧进行检测。两种探头的折射角相差应不小于 10°。对于单侧坡口角度小于 5°的窄间隙焊缝，如有可能，应增加与坡口表面平行缺陷的有效检测方法。

（3）进行横向缺陷的检测时，将探头放在焊缝及热影响区上做两个方向的平行扫查，如图 2-36 所示。

检测平板对接焊接接头时，为检测纵向缺陷，斜探头应垂直于焊缝中心线放置在检测面上，做锯齿形扫查，如图 2-37 所示。探头前后移动的范围应保证扫查到全部焊接接头截面，在保持探头垂直焊缝做前后移动的同时，还应做 10°~15°的左右转动。为观察缺陷动态波形和区分缺陷信号或伪缺陷信号，确定缺陷的位置、方向和形状，可采用前后、左右、转角和环绕 4 种探头基本扫查方法，如图 2-38 所示。

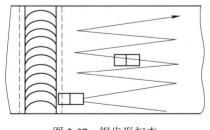

图 2-37　锯齿形扫查

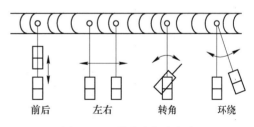

前后　　左右　　转角　　环绕

图 2-38　4 种基本扫查方法

锅炉、压力容器本体焊接接头超声检测质量分级见表 2-4。

表 2-4　锅炉、压力容器本体焊接接头超声检测质量分级　　　　　　（mm）

等级	工件厚度 t	反射波幅所在区域	允许的单个缺陷指示长度 L	多个缺陷累计长度最大允许值 L'
I	≥6~100	I	≤50	—
	>100		≤75	—
	≥6~100	II	≤$t/3$，最小可为 10，最大不超过 30	在任意 $9t$ 焊缝长度范围内 L' 不超过 t
	>100		≤$t/3$，最大不超过 50	
II	≥6~100	I	≤60	—
	>100		≤90	—
	≥6~100	II	≤$2t/3$，最小为 12，最大不超过 40	在任意 $4.5t$ 焊缝长度范围内 L' 不超过 t
	>100		≤$2t/3$，最大不超过 75	
III	≥6	II	超过 II 级者	
		III	所有缺陷（任何缺陷指示长度）	
		I	超过 II 级者	—

注：当焊缝长度不足 $9t$（I 级）或 $4.5t$（II 级）时，可按比例折算。当折算后的多个缺陷累计长度允许值小于该级别允许的单个缺陷指示长度时，以允许的单个缺陷指示长度作为缺陷累计长度允许值。

2.8.2　探伤仪的选择

超声波探伤仪是超声波探伤的主要设备。其种类繁多，性能各异，探伤应根据探测要求和现场条件来选择探伤仪。一般根据以下情况来选择仪器。

（1）对于定位要求高的情况，应选择水平线性误差小的仪器。

（2）对于定量要求高的情况，应选择垂直线性好，衰减器精度高的仪器。

（3）对于大型零件的探伤，应选择灵敏度余量高、信噪比高、功率大的仪器。

（4）为了有效地发现近表面缺陷和区分相邻缺陷，应选择盲区小、分辨力好的仪器。

（5）对于室外现场探伤，应选择质量轻，荧光屏亮度高，抗干扰能力强的携带式仪器。

此外要求选择性能稳定、重复性好和可靠性好的仪器。超声波探伤中，超声波的发射和接收都是通过探头来实现的。探头的种类很多。结构形式也不一样。探伤前应根据被检对象的形状、衰减和技术要求来选择探头。探头的选择包括频率、晶片尺寸和斜探头折射角（或 K 值）的选择等。

2.8.3　探头的选择

超声波探伤中，超声波的发射与接收，都是通过探头实现的。探头类型很多，性能各异，因此需根据检验对象的形状、衰减和技术要求等，合理地选择探头。探头的选择主要是对探头形式、频率、晶片尺寸和斜探头折射角等几方面的选择。

2.8.3.1　探头形式的选择

常用的探头形式有纵波直探头、横波斜探头、表面波探头、双晶探头、聚焦探头等。根据工件的形状和可能出现缺陷的部位、方向等条件选择探头，应尽量使声束轴线与缺陷反射面相垂直。一般检测焊缝宜选用斜探头。

横波斜探头是通过波形转换来实现横波探伤的。主要用于探测与探测面垂直或成一定角度的缺陷。如焊缝中的未焊透、夹渣、未熔合等缺陷。

表面波探头用于探测工件表面缺陷，双晶探头用于探测工件近表面缺陷。聚焦探头用于水浸探测管材或板材。

2.8.3.2 探头晶片尺寸的选择

晶片尺寸大则声束指向性好、声能集中，对检测有利；但近场区长度增大，对检测不利。探头晶片尺寸对检测的影响主要是通过其对声场特性的影响体现出来的。在实际检测中，大厚度工件或粗晶材料的检测，宜选用大晶片探头。而较薄工件或表面曲率较大的工件检测，宜选用小晶片探头。应根据具体情况，选择满足检测要求的探头。

2.8.3.3 探头频率的选择

频率高则检测灵敏度和分辨力均提高，且指向性也好，对检测有利；但频率高又使近场区长度增大、衰减增大，对检测不利。因此，对于粗晶材料或厚大工件的检测宜选用较低频率的探头，常用 0.5~2.5 MHz；对于晶粒细小、较薄工件的检测宜选用较高频率的探头，常用 2.5~10.0 MHz。焊缝检测一般选用 2~5 MHz，推荐采用 2~2.5 MHz。

超声波的频率在很大程度上决定了其对缺陷的探测能力。

频率的选择可以这样考虑：对于小缺陷、近表面缺陷或薄件的检测，可以选择较高频率；对于大厚度试件、高衰减材料，应选择较低频率。在灵敏度满足要求的情况下，选择宽带探头可提高分辨力和信噪比。

针对具体对象，适用的频率需在上述考虑当中取得一个最佳的平衡，既要保证所需尺寸缺陷的检出，并满足分辨力的要求，也要保证在整个检测范围内具有足够的灵敏度与信噪比。

2.8.3.4 探头角度或 K 值的选择

应根据工件厚度和缺陷的方向性选择，保证尽可能探测到整个工件厚度并使声束尽可能垂直于主要缺陷。

在实际探伤中，当工件厚度较小时，应选用较大的 K 值，以便增加一次波的声程，避免近场区探伤。当工件厚度较大时应选用较小的 K 值，以减小声程过大引起大的衰减，便于发现深度较大处的缺陷。

2.8.4 检测面的选择和准备

应根据不同的检验等级和工件的厚度来选择检测面。同时，检测前必须对探头需要接触的工件两侧表面修整光洁，清除焊缝飞溅、铁屑、油垢及其他杂物，以便于探头自由扫查。需要去除余高的焊缝，应将余高打磨到与母材平齐。

2.8.5 耦合剂的选择与补偿

选择耦合剂主要考虑以下几方面的要求：

（1）透声性能好。声阻抗尽量和被探测材料的声阻抗相近。

（2）有足够的润湿性、适当的附着力和黏度。

（3）对试件无腐蚀，对人体无损害，对环境无污染。

（4）容易清除，不易变质，价格便宜，来源方便。

在实际探伤中，当调节探伤灵敏度用的试块与工件表面粗糙度、曲率半径不同时，往往由于工件耦合损耗大而使探伤灵敏度降低。为了弥补耦合损耗，必须增大仪器的输出来进行补偿。

一般的测定耦合损耗差的方法为：在表面耦合状态不同，其他条件（如材质、反射体、探头和仪器等）相同的工件和试块上测定二者回波或穿透波高分贝差。

设测得的工件与试块表面耦合差补偿是 ΔdB。表面耦合损耗具体的补偿方法如下：

先用"衰减器"衰减 ΔdB，将探头置于试块上调好探伤灵敏度，然后再用"衰减器"（增益 ΔdB 即减少 ΔdB 衰减量），这时耦合损耗恰好得到补偿，试块和工件上相同反射体回波高度相同。

2.8.6 检测方法的选择

应考虑工件的结构特征，并以被检工件容易生成的缺陷为主要探测目标，结合有关标准进行选择。

任务2.9 超声检测工艺

超声检测工艺由下列6个主要部分组成。

2.9.1 扫描速度调节

根据被检工件厚度确定扫描速度，并在超声检测仪上调节扫描速度。其目的是使仪器的时基线显示的范围能够覆盖需要检测的声程范围，使时基线刻度与超声波在工件中传播的距离成一定比例，以便准确测定缺陷的位置。

2.9.2 制作距离-波幅曲线

距离-波幅曲线是用于调整检测灵敏度和确定缺陷当量大小的重要依据，曲线应按所用探头和仪器在试块上实测的数据绘制而成，该曲线族由评定线、定量线和判废线组成。评定线与定量线之间（包括评定线）为Ⅰ区，定量线与判废线之间（包括定量线）为Ⅱ区，判废线及其以上区域为Ⅲ区，如图2-39所示。

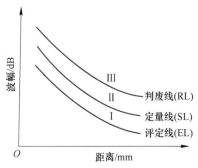

图2-39 距离-波幅曲线

2.9.3   检测灵敏度的调整

检测灵敏度是指在确定的声程范围内发现规定大小缺陷的能力。调整检测灵敏度的目的是使工件中不小于规定大小的缺陷都能被发现，并对发现的缺陷进行定量。当用试块法调整检测灵敏度时，如果试块与工件的表面粗糙度存在差异、所用的耦合剂不同或材质衰减差异较大，则对检测灵敏度进行补偿，与此相关的工艺参数有试块种类和规格、检测灵敏度、耦合补偿和材质衰减系数等。

2.9.4   扫查

扫查是指移动探头使超声束覆盖工件上所需要检测的所有体积的过程，扫查时，通常还需要将调整好的检测灵敏度再提高 4~6 dB，作为扫查灵敏度，与此相关的工艺参数有扫查灵敏度、探头移动方式、扫查速度和扫查间距等。

2.9.5   缺陷评定与记录

于扫查中发现缺陷显示信号后对缺陷进行评定，内容主要包括缺陷位置的确定和缺陷当量尺寸的测定，并将评定结果予以记录。

2.9.6   后处理

超声检测工作结束后，涂覆在工件表面的耦合剂若对该工件的下道工序或以后的使用产生不利的影响，则应采用适当的方法消除干净。

任务 2.10   超声波检测工件实操训练

探伤仪的调节主要进行扫描速度的调节和探伤灵敏度的调节，具体调节方法要根据所采用仪器的不同而有所区别。

脉冲反射法超声检测的基本步骤：

（1）工件情况。

（2）检测前的准备工作。

（3）仪器、探头、试块的选择。

（4）仪器调节及灵敏度的确定。

（5）耦合补偿。

（6）扫查方式。

（7）缺陷的测定、记录和评定。

（8）出具报告。

（9）仪器、探头系统的复核。

在钢板检测中，一般根据缺陷波和底波的情况来判别钢板中缺陷的位置、大小和缺陷的性质。一是分层缺陷波型陡直，底波明显降低或消失。二是折叠不一定有缺陷波，但底波明显降低，次数减少甚至消失，始波加宽。三是白点波型密集，尖锐活跃；底波明显降低，次数减少；重复性差；移动探头，回波此起彼伏。

2.10.1 【实训一】超声波检测锻件

检测内容及要求：

（1）任意选取锻件 1 件；厚度范围≥100 mm，单直探头。

（2）检测时间共 45 min。

（3）严格按超声波检测规程进行操作。

（4）执行标准：NB/T 47013.3—2015。

（5）锻件一次性规定：

1）规格。100~300 mm，有圆柱体、长方体。

2）规定。只作一个面探伤。

3）计算缺陷当量时不考虑衰减系数，只按单个缺陷当量直径评级。

2.10.2 【实训二】超声波检测钢板

检测内容及要求：

（1）任意选取钢板 1 件；厚度范围≥20 mm，单直探头。

（2）检测时间共 45 min。

（3）严格按超声波检测规程进行操作。

（4）执行标准：NB/T 47013.3—2015。

（5）钢板一次性规定：

1）用单直探头，输入工件、探头等参数，测声速、延时（也可直接输入声速 = 5900 m/s，延时≈1 μs），灵敏度调整（CB Ⅱ试块），表面补偿，检测，记录报告。

2）规定。灵敏度可以用 5 次底波法，但报告上仍应按标准填写；要求 100% 扫查；只要求按单个缺陷指示长度以及单个缺陷指示面积评级。

3）填写表格并出具检测报告。

2.10.3 【实训三】超声波检测焊缝

检测内容及要求：

（1）任意选取焊缝 1 件；厚度范围 8~42 mm，单直探头。

（2）检测时间共 45 min。

（3）严格按超声波检测规程进行操作。

（4）执行标准：NB/T 47013.3—2015。

（5）焊缝检测一次性规定：

1）规格。8~42 mm。

2）规定。焊缝两端 20 mm 不探伤（但若在探测区内存在缺陷，其端点延伸到两端 20 mm 区域，此时要计入）。

3）测长按标准规定的方法。

4）不作缺陷总长评定。

5）讲述所填写的检测表格内容。

锻件超声检测实际操作考核报告填写说明

学号：　　　　　　　　　　　姓名：　　　　　　　　　　　年　　月　　日

试件编号		主体材质		规　格	
仪器型号		探　头		参考试块	
耦合剂		耦合补偿		灵敏度	
底波高/dB		扫查灵敏度/dB		执行标准	NB/T 47013.3—2015

缺陷记录

序号	X/mm	Y/mm	H/mm	L/mm	B/mm	S_f/S/%	$BG(BF)$/dB	A_{max} $\phi4\pm$dB	评定级别	备注

示意图：

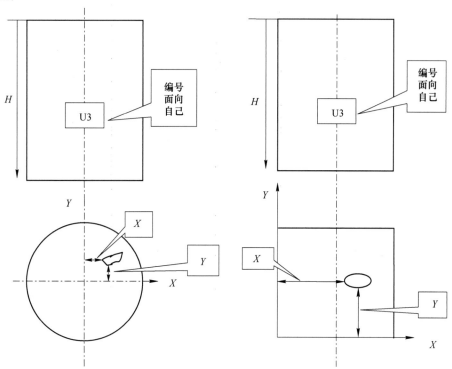

S_f：密集缺陷面积；S：总检测面积；BG：完好部位底波高 dB 值；BF：缺陷引起底波降低后底波高 dB 值

结论			
检测人员		日期	

钢板超声检测实际操作考核报告填写说明

准考证号：　　　　　　　　　　姓名：　　　　　　　　　　　年　　月　　日

试件编号	见工件	主体材质	16MnR	规格	长×宽×厚
仪器型号		探头	完整填写	参考试块	按标准选用
耦合剂	机油	耦合补偿	4~8 dB	灵敏度	按标准
探伤标准	NB/T 47013.3—2015				

缺陷记录

序号	$L1$/mm	$L2$/mm	$L3$/mm	S/cm²	B/mm	深度/mm	对任意 1 m×1 m 面积的百分比	评定级别	备注
	X 方向尺寸	Y 方向尺寸	缺陷长径	缺陷面积	缺陷宽度	缺陷深度	不考虑	按单个评级	

示意图：

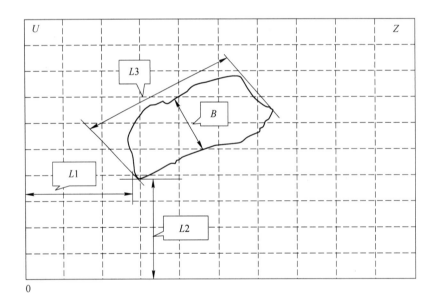

符号说明：$L1$：缺陷最左端边缘到试件左边缘的距离；$L2$：缺陷最下端边缘到试件下边缘的距离；$L3$：缺陷长径；B：缺陷最大宽度

结论	
检测人员	日期

对接接头超声检测实际操作考核报告填写说明

准考证号：　　　　　　　　　　　　姓名：

试件编号	见考试工件	试件材质	16MnR	试件厚度	测量
焊接方式	自定	坡口形式	自定	表面状况	见金属光泽
仪器型号		增益（模）	适当	抑　制	关
探头规格	完整填写	试块型号	CSK-ⅢA	耦合剂	机油
表面补偿	3~5	时基线（模）	—	声速（数）	标定值
延迟（数 μs）	标定值	探头 k 值/前沿	测量值	执行标准	NB/T 47013.3—2015

距离-dB 测量（模拟机）、DAC 曲线校验（数字机）				
孔深度/（数字机）实测简化水平值	10/	20/		
波高（模拟机 dB 值，数字机 SL+dB）				
仪器显示深度/水平（数）	10.5/			

dB(模)

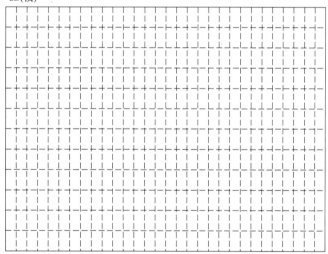

mm

探伤灵敏度	根据标准规定填写，例如 φ1×（6~9）dB		日期	年　月　日

续表

缺陷分布示意图：

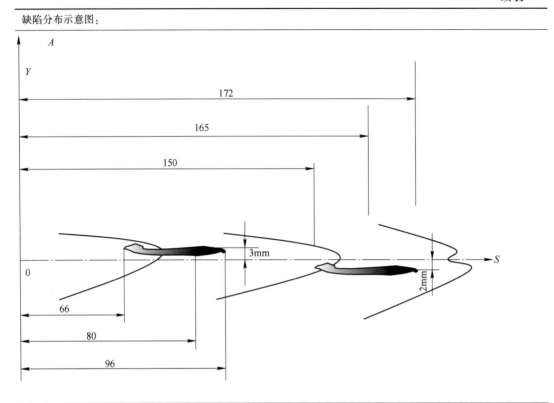

缺陷记录：

序号	指 示 长 度			波 幅 最 高 点					
	S1/mm	S2/mm	长度/mm	S3/mm	深度/mm	y值/mm	高于定量线 dB 值	所在区域	评级
1	66	96	30	80	指示深度	+3	SL+		
2	150	172	22	165	指示深度	−2	SL+		
3									
说明	S1：缺陷起始点距试块左端头的距离； S2：缺陷终点距试块左端头的距离； S3：缺陷波幅最大点距试块左端头的距离。								
报告				审核					

2.10.4 【实训四】工艺综合题

（1）某压力容器制造厂对一台变换炉进行焊后检测，该炉产品编号 H600，属三类压力容器，设计压力 6.7 MPa，设计温度 330 ℃，介质为变换气（CO、H_2、CO_2 等），材料 1.25Cr0.5Mo，结构如图 2-40 所示。其中，筒体与封头环缝的焊接方法为手工电弧焊封底，埋弧自动焊盖面，焊缝余高磨平。

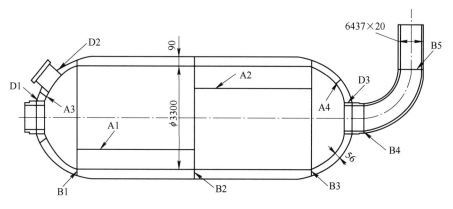

图 2-40　变换炉结构

请回答下列问题：

1）按法规标准规定对变换炉上的焊缝要进行哪些无损检测？比例各是多少？

2）D3 角焊缝结构和尺寸，如图 2-41 所示，要求用直探头和两种 K 值斜探头，从封头两面检测该焊缝，请填写下列超声波检测工艺卡并在图上注明扫查方向。

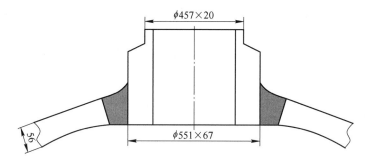

图 2-41　D3 角焊缝结构和尺寸

超声波检测工艺卡

产品编号	H600	试件名称	D3 角焊缝
规格/mm	D_i（内径）417	厚度/mm	56
材质	1.25Cr0.5Mo	焊接种类	手工焊+埋弧自动焊
检测标准		合格级别	
试块种类		仪器型号	
表面状态		耦合剂	
检测时机		检测比例	
探测面			
探头			
参考反射体			
表面补偿/dB			
扫查灵敏度（评定线）			

定量线					
判废线					
编制		审核		日期	

3）筒体和封头环缝 B1、B3 如图 2-42 所示，现要求超声波检测按 NB/T 47013.3—2015 中 C 级进行，请说明检测内容、选用的探头参数以及扫查面。

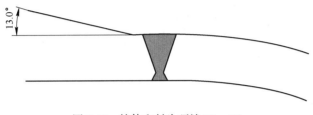

图 2-42　筒体和封头环缝 B1、B3

（2）某电站锅炉锅筒，如图 2-43 所示，令号 400-50。它的设计压力为 15.8 MPa，设计温度为 348 ℃，材料为 13MnNiMoNbR（抗拉强度 R_m = 570~700 MPa），尺寸 D_i（内径）1800 mm×92 mm。其纵缝、下降管角焊缝采用埋弧自动焊，环缝采用手工电弧焊封底，埋弧自动焊盖面。

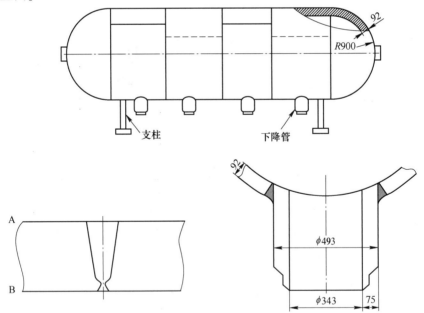

图 2-43　锅筒、筒体环缝、下降管结构尺寸

现有仪器、试块、探头、耦合剂如下。

仪器：CTS-22，CTS-26。

试块：CSK-ⅠA，CSK-ⅡA，CSK-ⅢA。

探头：2.5P10×10K1，2.5P10×10K1.5，2.5P10×10K2，2.5P20×20K1，2.5P20×

20K1. 5，2.5P20 × 20K2，5P20 × 20K1，5P20 × 20K1. 5，5P20 × 20K2，2.5P14Z，2. 5P20Z，2. 5P30Z。

耦合剂：机油，化学糨糊。

1) 请确定制造过程中锅筒纵缝和环缝、下降管角焊缝焊接完成后无损检测要求，包括部位、方法、比例以及检测时机，并说明依据或理由。

检测对象	方法	比例（包括必检部位）	时机	依据或理由
环缝、纵缝				
下降管角焊缝				

2) 下降管角焊缝结构和尺寸，如图 2-43 所示，请按《承压设备无损检测　第 3 部分：超声检测》（NB/T 47013.3—2015）标准，确定合适的超声检测方法和参数（探头种类、探头参数、检测面），并说明依据或理由。

3) 按《承压设备无损检测　第 3 部分：超声检测》（NB/T 47013.3—2015）标准，用直探头检测下降管角焊缝，是否可以采用底波调节法校准检测灵敏度？（说明理由）。如果可以，试叙述其校准方法（焊缝宽度 50 mm）。

4) 按《承压设备无损检测　第 3 部分：超声检测》（NB/T 47013.3—2015）标准 C 级要求，填写锅筒对接接头的超声检测工艺卡。

超声检测工艺卡

产品编号	400-50		试件名称	筒体环缝
规格/mm	D_i（内径）1800		厚度/mm	92
材质	13MnNiMoNbR		焊接种类	手工焊+埋弧自动焊
检测标准			合格级别	
试块种类			仪器型号	
表面状态			耦合剂	
检测时机			检测比例	
检测对象	纵向缺陷检测		横向缺陷检测	母材检测
探测面				
探头				
参考反射体				
表面补偿/dB				
扫查灵敏度（评定线）				灵敏度调节说明：
定量线				
判废线				
编制		审核		日期

(3) 某加氢反应器，如图 2-44 所示，令号：化 609。设计压力 8.82 MPa，设计温度 425 ℃，材料 21/4Cr-Mo，尺寸 D_i（内径）4400 mm×132 mm。其中纵向焊接接头和角接焊

接接头采用埋弧自动焊，环向对接接头焊缝采用手工电弧焊封底，埋弧自动焊盖面。反应器筒体、封头和接管内壁都有奥氏体不锈钢堆焊层，材料为 TP309L+TP347，厚度为 6 mm，采用埋弧带极堆焊工艺进行堆焊。现有检测仪器、试块、探头、耦合剂如下：

仪器：CTS-22、CTS-26。

标准试块：CSK-ⅠA、CSK-ⅡA、CSK-ⅢA、CSK-ⅣA 对比试块：T1 型试块、T2 型试块、T3 型试块（包括：a 试块、b 试块）。

斜探头：2.5P10×10K1、2.5P10×10K1.5、2.5P10×10K2、2.5P20×20K1、2.5P20×20K1.5、2.5P20×20K2、5P20×20K1、5P20×20K1.5、5P20×20K2。

直探头：2.5P20Z、5.0P20Z。

双晶直探头：2.5P14FG3Z、2.5P14FG6Z。

纵波双晶斜探头：1）f = 2.5 MHz，晶片尺寸（5×10）×2，焦点深度 3 mm；2）f = 2.5 MHz，晶片尺寸（5×10）×2，焦点深度 6 mm。

耦合剂：机油、化学糨糊。

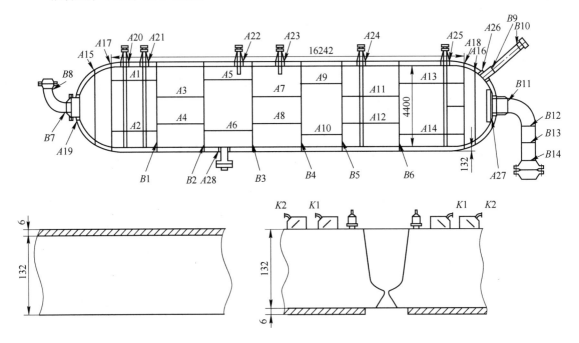

图 2-44　化 609 加氢反应器、堆焊层、筒体环缝

1）奥氏体不锈钢堆焊层，如图 2-44 所示，请按《承压设备无损检测　第 3 部分：超声检测》（JB/T 47013.3—2015）标准确定从堆焊层侧检测时，探头种类和参数、试块及扫查方向的选择。

2）封头与筒体对接环缝 A17 如图 2-45 所示，从封头侧检测时，对缺陷的定位方法与平板对接焊缝有何不同？能否用筒体纵缝的定位修正公式直接进行计算？（说明原因）

3）按《承压设备无损检测　第 3 部分：超声检测》（NB/T 47013.3—2015）标准规定的 C 级检测，填写下列环向对接焊接接头超声波检测工艺卡，并在图 2-44 右下角图上画扫查示意图。

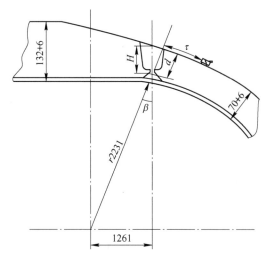

图2-45 封头与筒体对接环缝

超声检测工艺卡

产品编号	化609		试件名称	筒体环缝
规格/mm	D_i（内径）4400		厚度/mm	132
材质	21/4Cr-Mo		焊接种类	手工焊+埋弧自动焊
检测标准			合格级别	
试块种类			仪器型号	
表面状态			耦合剂	
检测时机			检测比例	
检测对象	纵向缺陷检测		横向缺陷检测	母材检测
探测面				
探头				
参考反射体				
表面补偿/dB				
扫查灵敏度（评定线）			灵敏度调节说明：	
定量线				
判废线				
编制		审核		日期

任务 2.11 超声波检测的应用

2.11.1 锻件检测

锻件的种类和规格很多，常见的类型有：饼盘件、环形件、轴类件和筒形件等。

锻件中的缺陷多呈现面积形或长条形的特征。由于超声检测技术对面积形缺陷检测最为有利，因此锻件是超声检测实际应用的主要对象。

2.11.1.1　锻件中的常见缺陷

锻件中的缺陷主要来源于两个方面：材料锻造过程中形成的缩孔、缩松、夹杂及偏析等；热处理中产生的白点、裂纹和晶粒粗大等。

2.11.1.2　锻件超声检测的特点

锻件可采用接触法或液浸法进行检测。锻件的组织很细，由此引起的声波衰减和散射影响相对较小。

因此，锻件上有时可以应用较高的检测频率（如 10 MHz 以上），以满足高分辨力检测的要求，以及实现较小尺寸缺陷检测的目的。

2.11.2　铸件检测

铸件具有组织不均匀、组织不致密、表面粗糙和形状复杂等特点，因此常见缺陷有孔洞类（包括缩孔、缩松、疏松、气孔等）、裂纹冷隔类（冷裂、热裂、白带、冷隔和热处理裂纹）、夹杂类以及成分类（如偏析）等。

铸件由于具有上述这些特点，导致了铸件超声检测的特殊性和局限性。检测时一般选用较低的超声频率，如 0.5~2 MHz，因此检测灵敏度也低，杂波干扰严重，缺陷检测要求较低。

铸件检测常采用的超声检测方法有直接接触法、液浸法、反射法和底波衰减法。

2.11.3　焊接接头检测

许多金属结构件都采用焊接的方法制造。超声检测是对焊接接头质量进行评价的重要检测手段之一。焊缝形式有对接、搭接、T 形接、角接等。焊缝超声检测的常见缺陷有气孔、夹渣、未熔合、未焊透和焊接裂纹等。

焊缝探伤一般采用斜射横波接触法，在焊缝两侧进行扫查。探头频率通常为 2.5~5.0 MHz。发现缺陷后，即可采用三角法对其进行定位计算。仪器灵敏度的调整和探头性能测试应在相应的标准试块或自制试块上进行。

2.11.4　复合材料检测

复合材料是由两种或多种性质不同的材料轧制或黏合在一起制成的。其黏合质量的检测主要有接触式脉冲反射法、脉冲穿透法和共振法。

脉冲反射法适用于复合材料是由两层材料复合而成，黏合层中的分层多数与板材表面平行的情况有关。用纵波检测时，黏合质量好的，产生的界面波会很低，而底波幅度会较高；当黏合不良时，则相反。

2.11.5　非金属材料的检测

超声波在非金属材料（木材、混凝土、有机玻璃、陶瓷、橡胶、塑料、砂轮、炸药药饼等）中的衰减一般比在金属中的大，多采用低频率检测。一般为 20~200 kHz，也有用 2~5 MHz 的。为了获得较窄的声束，需采用晶片尺寸较大的探头。

塑料零件的探测一般采用纵波脉冲反射法；陶瓷材料可用纵波和横波探测；橡胶检测频率较低，可用穿透法检测。

复习思考题

2-1　什么是超声波，工业超声检测应用的频率范围是多少？

2-2　在超声检测中应用了超声波的哪些特点及应用？

2-3　简述超声波检测原理？

2-4　什么是试块，常用的试块有哪些，用途分别是什么，试块的主要作用是什么？

2-5　什么是耦合剂，对耦合剂有哪些要求？

2-6　常用的探头有哪些，超声检测时如何选用探头？

2-7　简述超声波检测的操作过程？

项目 3　射线检测

【教学目标】

1. 掌握射线检测基本原理、射线检测设备及器材、射线检测的方法与应用；

2. 会使用射线检测系统进行检测操作；

3. 能够具备对检测出现的现象进行分析和判别能力，具备安全检测意识和精益求精的工匠精神。

【说说身边那些事】

隔着特种设备的"肚皮"做"CT"，国产储氢罐特种检测仪器问世

2023 年 2 月 10 日，在位于光谷未来三路的湖北省氢能制造业创新中心，湖北省特种设备检验检测研究院（以下简称"湖北特检院"）工业数字成像无损检测设备中试平台研发负责人正带队为这里的大型储氢设备"做体检"。

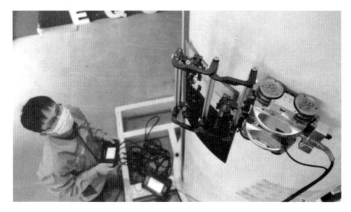

技术人员操作检测爬行机器人

"在氢能产业链中，氢瓶的安全使用及相应的定期检验标准是连接供应端与需求端的关键，是产业发展亟须突破的瓶颈。"武汉泰歌氢能汽车有限公司总经理助理告诉记者，湖北特检院的中试检测平台就为相关氢能企业解决了这一问题。

记者现场看到，技术人员正使用相控阵检测仪对氢瓶进行检测，隔着 3 cm 厚的瓶壁，随着探头移动，设备内部图像很快反馈到连接的电脑屏幕上，有点儿类似给设备做"CT"。

储氢气瓶内部像密织的网兜，负责人介绍，这是除内胆层外的缠绕层，采用碳纤维材料与传统钢制材料性能差别非常大，这对于检验检测是一个巨大的挑战，他们通过相控阵检测技术有效地解决了这一难题。

在位于湖北特检院的国家工业数字成像无损检测设备质量检验检测中心（湖北）工业

数字成像无损检测设备中试平台，记者观察发现，在数字超声检测仪探头与组合性能专用实验台，研发人员正在不断检测探头精度。

"这相当于是检测仪的'眼睛'。"负责人介绍，该中心已攻克了特殊结构内部微损伤的工程检测难题，通过新一代超声技术，"揪"出工业设备、零件、材料等的疲劳微裂纹，更快、更准地诊断出其缺陷，隔着特种设备的"肚皮"做无损"CT"，精度最高可达微米级。

特检技术人员正在检测氢能汽车上的储氢气瓶

负责人介绍，氢瓶在储运过程中可能受到各种形式的损伤，导致潜在风险，而该设备的定期检测在国家层面尚未出台专项标准，中心正在推进制定《车用压缩氢铝内胆碳纤维全缠绕气瓶定期检验规则》。围绕氢能产业，武汉不仅在国内率先摸索储氢设备检测工艺、为新兴行业培训新型特种设备"警戒哨"上的企业"哨兵"、制定检测标准让行业"有据可循"，还推动了相关高端装备产业优化升级。

"以前向海外采购这样一台'CT'设备动辄百万元，坏了得花巨资请外方专家来修，还耽误石油、化工等'停不了'行业的工程进程。"中科创新研发中心总监自豪地介绍，该中心曾研制出国内首台数字式超声波探伤设备，近年来正与湖北特检院围绕石油钻采、储氢设备、航天航空等领域联合孕育更多国产化"高精尖"特种检测仪器。

湖北特检院院长、国家工业数字成像无损检测设备质量检验检测中心（湖北）主任介绍，氢能产业已成为国家未来战略性新兴产业重点发展方向，类似储氢设备这样的新型特种设备正在伴随战略性新兴产业发展而大量应用，工业数字成像无损检测设备中试平台正在加快匹配产业发展的检测能力。"以'看不见的守护'保卫'看得见的安全'。"

（摘自中国新闻网，https：//www.sohu.com/a/640740782_100199096）

任务 3.1　射线检测基础知识

射线检测是利用射线可穿透物质并且在物质中产生衰减的特性来发现物质内部缺陷的一种检测方法。按所使用的射线源种类不同，可分为 X 射线检测、γ 射线检测、高能射线检测和中子射线检测等；按显示缺陷的方法不同，可分为射线照相法检测、射线实时图像法检测、数字化射线成像技术等。一般普遍采用射线照相法检测。

射线检测主要应用 X 射线和 γ 射线，二者均是波长很短的电磁波，习惯上统称为光子。X 射线的波长为 0.001~0.1 nm，γ 射线的波长为 0.0003~0.1 nm。

3.1.1　射线的种类及性质

波长较短的电磁波称为射线，那些速度高、能量大的粒子流也称为射线。射线由射线源向周围发射的过程称为辐射，辐射一般分为电离辐射和非电离辐射两大类。非电离辐射是指射线能量很低，因而不足以引起物质发生电离的辐射，如微波辐射、红外线辐射等，电离辐射是指能够直接或间接引起物质电离的辐射，电离辐射一般分为直接电离辐射和间接电离辐射。

直接电离辐射通常是指带电粒子辐射，如阴极射线、α 射线、β 射线和质子射线等辐射。由于它们带有电荷，所以在与物质发生作用时，在库仑场的作用下会发生偏转。同时会以物质中原子激发、电离或本身产生场致辐射的方式损失能量，故其穿透能力较差，因而一般不直接利用这类射线进行无损检测。

而间接电离辐射是不带电的粒子辐射，如 X 射线、γ 射线及中子射线等辐射。其中，X 射线、γ 射线属于电磁波，中子射线属于粒子流，由于它们属于电中性，不会受到库仑场的影响而发生偏转，且穿透物质的能力较强，故广泛用于无损检测。从图 3-1 所示的电磁波谱中可以看到各种电磁辐射所占据的波长范围。

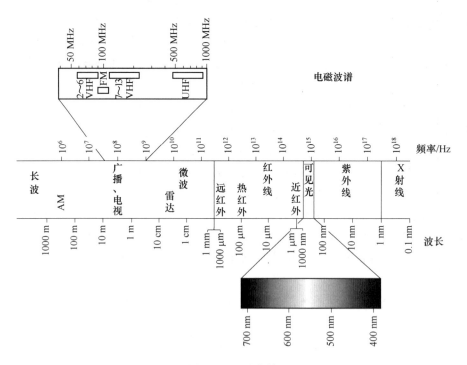

图 3-1　电磁波谱

电磁波的波长 λ 和频率 f 以及波速（光速）c 的关系式为

$$\lambda = c/f \tag{3-1}$$

在射线检测中用到的射线类型有 X 射线、γ 射线和中子射线。X 射线和 γ 射线是电磁辐射，中子射线是中子束流。其中 X 射线应用最广，波长范围为 0.0006~100 nm。在 X 射线检测中常用的波长范围为 0.001~0.1 nm。X 射线的频率范围为 $3\times10^9 \sim 5\times10^{14}$ MHz。X 射线、γ 射线与无线电波、红外线、可见光、紫外线都是电磁波。

X 射线和 γ 射线是波长较短的电磁波，如图 3-2 所示。

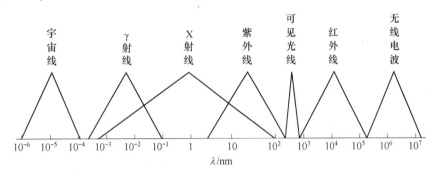

图 3-2　射线的波长分布

X 射线是一种波长比紫外线还短的电磁波，它具有光的特性，例如具有反射、折射、干涉、衍射、散射和偏振等现象。它能使一些结晶物体发生荧光、气体电离和胶片感光。

γ 射线是一种波长比 X 射线更短的射线，波长范围为 0.0003~0.1 nm，频率范围为 $3\times10^{12} \sim 1\times10^{15}$ MHz。由于 γ 射线的波长比 X 射线更短，所以具有更大的穿透力。在无损检测中 γ 射线常被用来对厚度较大和大型整体工件进行射线照相。工业上广泛采用人工同位素产生 γ 射线。γ 射线则是由放射性物质内部原子核的衰变而来，其能量不能改变，衰变概率也不能控制。

X 射线和 γ 射线具有以下性质：

（1）不可见，在真空中以光速沿直线传播。

（2）本身不带电，不受电场和磁场的影响。

（3）在媒质界面可以发生反射和折射。但 X 射线和 γ 射线只能发生反射，而不能像可见光那样产生镜面反射。X 射线和 γ 射线的折射系数非常接近 1，所以折射的方向改变不明显。

（4）可以发生干涉和衍射现象，但只能在非常小的光栅（如晶体组成的光栅）中才能发生这种现象。

（5）具有穿透物质的能力，且在物质中有衰减特性。由于 γ 射线比 X 射线的波长短，因而其射线能量更高，比 X 射线具有更强的穿透力。

（6）可使物质电离，能使胶片感光，亦能使某些物质产生荧光。在穿透物质过程中，会与物质发生复杂的物理和化学作用，例如电离作用、荧光作用、热作用和光化学作用等。

（7）具有辐射生物效应，能使生物细胞产生生物效应，能够杀伤和杀死生物细胞，破坏生物组织。

X 射线与 γ 射线的异同点见表 3-1。

表 3-1　X 射线与 γ 射线的异同点

类型	相同点	不同点
X 射线	1. 不可见，以光速直线传播。 2. 不带电，不受电场和磁场的影响。	X 射线的能量与强度均可以调节
γ 射线	3. 具有穿透物质的能力，且在物质中有衰减特性。由于 γ 射线比 X 射线的波长短，因而其射线能量更高，比 X 射线具有更强的穿透力。 4. 可使物质电离，能使胶片感光，亦能使某些物质产生荧光。 5. 能使生物细胞产生生物效应，可杀伤和杀死细胞	γ 射线则是由放射性物质内部原子核的衰变而来，其能量不能改变，衰变概率也不能控制

中子是构成原子核的基本粒子。中子射线是由某些物质的原子在裂变过程中逸出高速中子所产生的。工业上常用人工同位素、加速器、反应堆来产生中子射线。在无损检测中中子射线常被用来对某些特殊部件（如放射性核燃料元件）进行射线照相。

3.1.2　射线的产生及特点

3.1.2.1　X 射线的产生及特点

X 射线是通过 X 射线机产生的，X 射线机的核心部件为 X 射线管，如图 3-3 所示。X 射线管是一个具有阴极和阳极的真空管，阴极是钨丝，阳极是金属制成的靶在阴阳两极之间加有很高的直流电压（管电压），当阴极加热到白炽状态时释放出大量电子，这些电子在高压电场的作用下，加速由阴极飞向阳极（管电流），最终以很高的速度撞击在金属靶面上，电子失去的动能大部分转换为热能，另外极少部分转换为 X 射线向四周辐射。即在具有一定真空度的 X 射线管的阴极和阳极间施加高电压，使阴极发射电子并被加速，高速行进的电子在真空管中撞击金属阳极靶，电子被阻挡减速和吸收，其中一部分动能（约1%）转换为 X 射线，其余能量（约 99%）都变成热能。X 射线的能量与强度均可以调节。

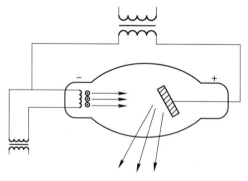

图 3-3　X 射线管工作情况

对 X 射线管发出的 X 射线做光谱测定，可以发现 X 射线谱由两部分组成：一是波长连续变化的部分，称为连续谱，它的最小波长只与外加电压有关；另一部分是具有特定波长的谱线，这部分谱线要么不出现，一旦出现其所对应的波长位置完全取决于靶材料本身，这部分谱线称为标识谱，又称特征谱。

A　连续谱的产生和特点

经典电动力学指出，带电粒子在加速或减速时必然伴随着电磁辐射，当带电粒子与原子相碰撞（更确切地说是与原子核的库仑场相互作用）发生骤然减速时，由此伴随产生的辐射称韧致辐射。大量电子（例如，当管电流为 5 mA 时，撞击到靶上的电子数目约为 3×10^{15} 个）与靶相撞，减速过程各不相同，少量电子经一次撞击就失去全部动能，而大部分电子经过多次制动逐步丧失动能，这就使能转换过程中所发出的电磁辐射可以具有各种波长，因此 X 射线的波谱呈连续分布。

连续谱存在着一个最短波长 λ_{min}，其数值只依赖于外加电压 U，而与靶材料无关。在实际检测中，以最大强度波长为中心的邻近波段的射线起主要作用。试验证明，X 射线的总强度 I 与管电流 i（mA）、管电压 U（kV）、靶材料原子序数 z 有以下关系：

$$I = KizU^2 \tag{3-2}$$

式中　K——比例常数，$K \approx (1.1 \sim 1.4) \times 10^{-6}$。

管电流越大，表明单位时间撞击靶的电子数越多；管电压增加时，虽然电子数目未变但每个电子所获得的能量增大，因而短波成分射线增加，且碰撞发生的能量转换过程增加；靶材料的原子序数越高，核库仑场越强，韧致辐射作用越强，所以靶一般采用高原子序数的钨制作。X 射线管必须有良好的冷却装置，以保证阳极不被烧坏。

B　标识谱的产生和特点

当 X 射线管两端所加的电压超过某个临界值 U_k 时，波谱曲线上除连续谱外，还将在特定波长位置出现强度很大的线状谱线，这种线状谱的波长只依赖于阳极靶面的材料，而与管电压和管电流无关，因此，把这种标识靶材料特征的波谱称为标识谱，U_k 称为激发电压，不同靶材的激发电压各不相同，例如，管电压为 35 kV 时，低于钨的激发电压（$U_k = 69.3$ kV），高于钼的激发电压（$U_k = 20$ kV），所以，钼靶的波谱上有标识谱，而钨靶的波谱上没有标识谱。标识谱的产生机理是：如果 X 射线管的管电压超过 U_k，阴极发射的电子可以获得足够的能量，它与阳极靶相撞时，可以把靶原子的内层电子逐出壳层之外，使该原子处于激发态。此时外层电子将向内层跃迁，同时放出一个光子，光子的能量等于发生跃迁的两能级能值之差。K_α 标识射线是 L 层电子跃迁至 K 层释放的，K_β 标识射线则是 N 层电子跃迁至 K 层释放的。L、M 等各壳层也可发生标识辐射，但其能量小，通常被 X 射线管管壁吸收，所以 X 射线波谱中最常见的是 K 系标识谱。

标识 X 射线强度只占 X 射线总强度极少一部分，能量也很低，所以在工业射线检测中标识谱不起什么作用。

3.1.2.2　γ 射线的产生及特点

γ 射线是放射性同位素经过 α 衰变或 β 衰变后，从激发态向定态过渡的过程中，从原子核内发出的，这一过程称为 γ 衰变，又称 γ 跃迁。γ 跃迁是核内能级之间的跃迁，与原子核外电子的跃迁一样，都可以放出光子，光子的能量等于跃迁前后两能级能值之差。不同的是，原子核外电子跃迁放出的光子能量在电子伏到千电子伏范围内。而核内能级的跃迁放出的光子能量在千电子伏到十几兆电子伏范围内。

以放射性同位素 Co60 为例，Co60 经过一次 β 衰变成为处于 2.5 MeV 激发态的 Ni60，随后放出能量分别为 117 MeV 和 133 MeV 的两种 γ 射线而跃迁到基态。

由此可见，γ 射线的能量是由放射性同位素的种类所决定的。一种放射性同位素可能放出许多种能量的 γ 射线，对此取其所辐射出的所有能量的平均值作为该同位素的辐射能量，例如 Co60 的平均能量为 (1.17 + 1.33)/2 = 1.25(MeV)。

γ 射线的光谱称为线状谱，即谱线只出现在特定波长的若干点上。

放射性同位素的原子核衰变是自发进行的，对于任意一个放射性核，它何时衰变具有偶然性，不可预测，但对于足够多的放射性核的集合，它的衰变规律服从统计规律，即

$$N = N_0 e^{-\lambda \tau} \tag{3-3}$$

式中　λ——比例系数，称为衰变常数；

　　　τ——衰变时间；

　　　N——衰变后原子核的数目；

　　　N_0——衰变前原子核的数目。

衰变常数 λ 反映了放射性物质的固有属性，λ 值越大，说明该物质越不稳定，衰变得越快。

放射性同位素衰变掉原有核数一半所需的时间，称为半衰期，用 $T_{1/2}$ 表示。当 $\tau = T_{1/2}$ 时，$N = N_0/2$，因此

$$\frac{N_0}{2} = N_0 e^{-\lambda T_{1/2}}$$

$$T_{1/2} = \frac{\ln 2}{\lambda} = \frac{0.693}{\lambda} \tag{3-4}$$

$T_{1/2}$ 也反映了放射性物质的固有属性，λ 值越大，$T_{1/2}$ 越小。

3.1.3　射线的特性

射线主要具有以下几个方面的性能：

（1）具有穿透物质的能力。

（2）不带电荷、不受电磁场的作用。

（3）具有波动性、粒子性，即所谓的二象性。

（4）能使某些物质起光化学作用。

（5）能使气体电离和杀死有生命的细胞。

3.1.4　射线与物质的相互作用

射线通过物质时，会与物质发生相互作用而使强度减弱。导致强度减弱的原因可分为两种，即吸收与散射。在 X 射线和 γ 射线能量范围内，光子与物质作用的主要形式有：光电效应、康普顿效应、电子对效应和相干散射。

射线通过物质时会发生以下这些现象而发生衰减。

3.1.4.1　光电效应

如图 3-4（a）所示，射线光子透过物质时，与原子壳层电子作用，将所有能量传给电子，使其脱离原子而成为自由电子，但光子本身消失。这种现象称为光电效应，电子称为光电子。当射线光子能量小时，只和原子外层电子作用，当射线光子能量大时，加之与被检物质内层电子的相互作用，除产生上述光电效应外，还伴随次级标识 X 射线的产生。

3.1.4.2　康普顿效应

当 X 射线的入射光子与被检物质的一个壳层电子碰撞时，光子的一部分能量传给电子并将其打出轨道，使该电子脱离原子核的束缚，该电子称为康普顿电子。光子本身能量减少并改变了传播方向，成为散射光子的现象。而电子则在和初始方向成 φ 角的方向上散射，如图 3-4（b）所示。

3.1.4.3　汤姆森散射

射线与物质中带电粒子相互作用，产生与入射波长相同的散射线的现象，如图 3-4（c）所示。对低能光子（能量远小于电子静止能量）来说，内层电子受原子核束缚较紧，不能视为自由电子。如果光子和这种束缚电子碰撞，相当于和整个原子相碰，碰撞中光子传给原子的能量很小，几乎保持自己的能量不变，散射光中就保留了原波长，这种散射称为汤姆森散射（Thomson Scattering）或瑞利散射（Rayleigh Scattering）或相干散射（Coherent Scattering）。

3.1.4.4　电子对的产生

一个具有足够能量的光子释放出它的全部动能而形成具有同样能量的一个负电子和一个正电子的过程，如图 3-4（d）所示。当入射光子的能量大于 1.02 MeV 时，在原子核的库仑场作用下，光子转变成一对正负电子，而光子则完全消失。光子的能量一部分转变成正负电子的静止能（1.02 MeV），其余就作为它们的动能。被发射出的电子还能继续与介质产生激发、电离等作用；正电子在损失能量之后，将与物质中的负电子相结合而变成 γ 射线，即湮没（Annihilalion）。

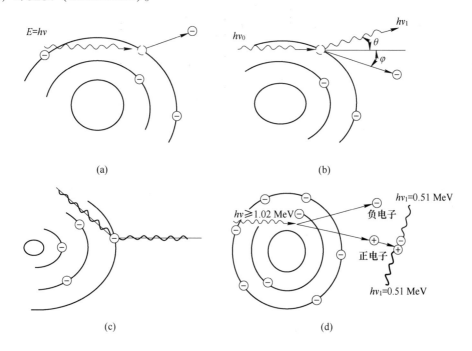

图 3-4　射线通过物质时发生的现象

（a）光电效应；（b）康普顿效应；（c）汤姆森散射；（d）电子对的产生

当光子的能量低于 1 MeV 时，光电效应是极为重要的过程。另外，光电效应更容易在原子序数高的物质中产生，如在铅（$Z=82$）中产生光电效应的程度比在铜（$Z=29$）中大得多。

在绝大多数的轻金属中，射线的能量在 0.2~3 MeV 范围时，康普顿效应是极为重要的效应。康普顿效应随着射线能量的增加而减小，其大小也取决于物质中原子的电子数。在中等原子序数的物质中，射线的衰减主要是由康普顿效应引起。在射线防护时主要侧重于康普顿效应。

电子对的产生只有在高能射线中才是重要的过程。该过程正比于吸收体的原子序数的平方。高原子序数的物质电子对的产生也是重要的过程。

光电效应和康普顿效应随射线能量增加而减小，电子对的产生随射线能量增加而增加，其共同作用的结果是使射线被吸收或散射，在透过物质时能量产生衰减。并且物质越厚，射线穿透时的衰减程度越大。

3.1.5　射线的衰减定律

射线的衰减是由于射线光子与物质之间发生相互作用而产生的光电效应、康普顿效应、电子对产生、汤姆森散射等，使射线被吸收和散射而引起的。由此可知，当射线通过物质时随着贯穿行程的增大，射线的衰减越严重，即物质越厚，则穿透它的射线衰减越严重。衰减不仅和材料厚度有关，而且与射线的性质（λ）、物质的性质（密度和原子序数）有关。一般地，材料厚度越大，电磁波波长越长，材料密度越大，原子序数越大，则射线的衰减越大。

对于单色平行射线，存在

$$I = I_0 e^{-\mu d} \tag{3-5}$$

$$\mu = K\lambda^3 z^3 \tag{3-6}$$

式中　K——与材料密度相关的系数；

　　　z——原子序数；

　　　λ——入射线波长；

　　　μ——线衰减系数；

　　　d——射线穿透厚度；

　　　I——透射线强度；

　　　I_0——入射线强度。

如图 3-5 所示，它们之间呈指数关系的衰减。设入射线的初始强度为 I_0，通过物质的

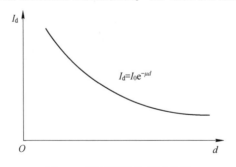

图 3-5　宽束射线的衰减曲线

厚度为 d，射线能量的线衰减系数为 μ，那么射线在透过物质以后的强度 I_d

$$I_d = I_0 e^{-\mu d} \tag{3-7}$$

射线检测就是利用射线可穿透物质并且在物质中产生衰减的特性来发现物质内部缺陷的一种检测方法。

任务 3.2   射线检测的基本原理

X 射线检测是利用 X 射线通过物质衰减程度与被通过部位的材质、厚度和缺陷的性质有关的特性，使胶片感光成黑度不同的图像来实现的。

射线检测的实质是射线在穿透物质的过程中，取决于穿透物质的衰减系数和穿透物质的厚度。如果被透照工件内部存在缺陷，且缺陷介质与被检工件对射线的衰减程度不同，会使得透过工件的射线产生强度差异（图 3-6）。

产生强度差异的透过射线使胶片的感光程度不同，经暗室处理后底片上有缺陷的部位会出现黑度差异，评片人员可凭此判断缺陷情况并评价工件质量。图 3-6 中射线在工件及缺陷中的线衰减系数分别为 μ 和 μ'。根据衰减定律，透过完好部位 x 厚度的射线强度为

$$I_x = I_0 e^{-\mu x} \tag{3-8}$$

透过缺陷部位的射线强度为

$$I = I_0 e^{-\mu x} e^{-(\mu'-\mu)\Delta x} \tag{3-9}$$

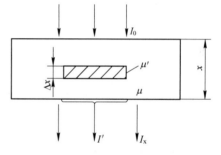

图 3-6   射线检测原理

（1）当 $\mu' < \mu$ 时，$I' > I$，即缺陷部位的透过射线强度大于周围完好部位。例如，钢焊缝中的气孔、夹渣等缺陷就属于这种情况，在射线底片上缺陷呈黑色影像，在 X 光电视屏幕上呈灰白色影像。

（2）当 $\mu' > \mu$ 时，$I' < I$，即缺陷部位的透过射线强度小于周围完好部位。例如，钢焊缝中的夹渣就属于这种情况，在射线底片上缺陷呈白色块状影像，在 X 光电视屏幕上呈黑色块状影像。

（3）当 $\mu' \approx \mu$ 或 Δx 趋近于 0 时，$I' \approx I$。

任务 3.3   射线检测的特点与方法

3.3.1   射线检测的特点及用途

射线检测的优点：射线照相法可用底片直接得到缺陷的图像，能够比较准确地判断缺陷的性质、数量、尺寸和位置；可以长期保存。

缺点：检测成本较高；检测速度较慢；射线对人体有伤害，需采取防护措施。

射线检测主要用于检测各种熔焊方法的对接接头。特殊情况下也可检测角焊缝和其他特殊结构件，还能检测铸钢件，但不适宜钢板、钢管及锻件的检测。

γ 射线检测的特点：

γ射线与X射线检测的工艺方法基本上是一样的，但是γ射线检测有其独特的地方。

（1）γ射线源不像X射线那样，可以根据不同检测厚度来调节能量（如管电压），它有自己固定的能量，所以要根据材料厚度、精度要求合理选取γ射线源。

（2）γ射线比X射线辐射剂量（辐射率）低，所以曝光时间比较长，曝光条件同样是根据曝光曲线选择的，并且一般都要使用增感屏。

（3）γ射线源随时都在放射，不像X射线机那样不工作就没有射线产生，所以应特别注意射线的防护工作。

（4）γ射线比普通X射线穿透力强，但灵敏度较X射线低，它可以用于高空、水下及野外作业。在那些无水无电及其他设备不能接近的部位（如狭小的孔洞或是高压线的接头等），均可使用γ射线对其进行有效的检测。

中子射线照相检测与X射线照相检测、γ射线照相检测相类似，都是利用射线对物体有很强的穿透能力，来实现对物体的无损检测。对大多数金属材料来说，由于中子射线比X射线和γ射线具有更强的穿透力，对含氢材料表现为很强的散射性能等特点，从而成为射线照相检测技术中又一个新的组成部分。

3.3.2 射线检测方法

按所使用的射线源分为X射线检测、γ射线检测、中子射线检测和高能射线检测等。按显示缺陷方法可分为射线照相法检测、射线实时图像法检测和数字化射线成像技术等。目前工业上主要有照相法、电离检测法、荧光屏直接观察法、电视观察法等。一般普遍采用射线照相法检测。

X射线检测常用的方法是照相法，即利用射线感光材料（通常用射线胶片），放在被透照试件的背面接受透过试件后的X射线，如图3-7所示。胶片曝光后经暗室处理，就会显示出物体的结构图像。

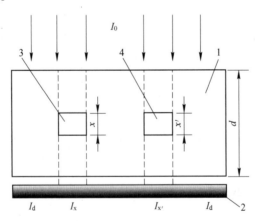

图3-7 X射线照相原理示意图

1—被透照试件；2—射线感光胶片；3—气孔（缺陷）；4—夹渣（缺陷）

根据胶片上影像的形状及其黑度的不均匀程度，就可以评定被检测试件中有无缺陷及缺陷的性质、形状、大小和位置。

X射线照相法检测灵敏度高、直观可靠、重复性好，应用最广泛。

由于生产和科研的需要，还可用放大照相法和闪光照相法以弥补其不足。放大照相可以检测出材料中的微小缺陷。

X 射线检测的灵敏度是指发现最小缺陷的能力，即所能发现的缺陷越小，则检测的灵敏度越高。它是检测质量的标志，有如下两种形式：

（1）绝对灵敏度。射线底片上能发现的、被检工件中与射线方向平行的最小缺陷尺寸。

（2）相对灵敏度。射线底片上能发现的，被检测工件中与射线方向平行的最小缺陷尺寸与试件厚度的百分比。相对灵敏度 K 的计算式为

$$K = \frac{x}{d} \times 100\% \tag{3-10}$$

任务 3.4　射线的防护

为了减少射线对工作人员和其他人员的射线剂量，应采取适当措施以避免或减少射线对人体的伤害。

3.4.1　剂量的概念

3.4.1.1　吸收剂量
吸收剂量是指电离辐射传递给单位质量的被辐照物质的能量，单位为 Gy（戈瑞）或 rad（拉德），1 Gy = 1 J/kg = 100 rad。

3.4.1.2　剂量当量
不同类型的电离辐射和不同的照射条件，对于生物体产生的辐射损伤即使在相同的吸收剂量之下也可以不同。在研究辐射防护时，必须考虑不同辐射的辐射损伤差别，因此引入剂量当量的概念。剂量当量为吸收剂量与辐射品质因数及修正因子之积，单位为 Sv（希沃特）或 rem（雷姆），1 Sv = 1 J/kg = 100 rem。

3.4.2　射线防护方法

3.4.2.1　屏蔽防护法
屏蔽防护法是利用各种屏蔽物体吸收射线，以减少射线对人体的伤害，这是射线防护的主要方法。一般根据 X 射线、γ 射线与屏蔽物的相互作用来选择防护材料，屏蔽 X 射线和 γ 射线以密度大的物质为好，如贫化铀、铅、铁、重混凝土、铅玻璃等都可以用作防护材料。但从经济、方便出发，也可采用普通材料，如混凝土、岩石、砖、土、水等。对于中子的屏蔽除能防护 γ 射线之外，还以特别选取含氢元素多的物质为宜。

3.4.2.2　距离防护法
剂量率和距离的平方成反比。若与放射源的距离为 R_1 处的剂量率为 P_1，在另一径向距离为 R_2 处的剂量率为 P_2，则有

$$P_2 = P_1 \frac{R_1^2}{R_2^2} \tag{3-11}$$

可见，在无防护或防护层不够时，远离放射源也是一种非常有效的防护方法。

距离防护在进行野外或流动性射线检测时是非常经济有效的方法。这是因为射线的剂量率与距离的平方成反比，增加距离可显著地降低射线的剂量率。

3.4.2.3 时间防护法

时间防护是让工作人员尽可能减少接触射线的时间，以保证检测人员在任一天都不超过国家规定的最大允许剂量当量（17 mrem）。国家标准规定每人每周最大容许剂量为 1×10^{-3} Sv，即小于或等于 0.1 rem，每人每天最大容许剂量为 17 mrem，每人终身容许剂量应小于 250 rem。

人体接受的总剂量：$D = Pt$，其中，P 为在人体上接受到的射线剂量率，t 为接触射线的时间。

由此可见，缩短与射线接触时间 t 亦可达到防护目的。如每周每人控制在最大容许剂量 0.1 rem 以内时，则应有 $D \leqslant 0.1$ rem；如果人体在每透照一次时所接受到的射线剂量为 P' 时，则控制每周内的透照次数 $N \leqslant 0.1P'$，亦可以达到防护的目的。

3.4.2.4 中子防护

A 减速剂的选择

快中子减速作用，主要依靠中子和原子核的弹性碰撞，因此较好的中子减速剂是原子序数低的元素如氢、水、石蜡等含氢多的物质，它们作为减速剂使用减速效果好，价格便宜，是比较理想的防护材料。

B 吸收剂的选择

对于吸收剂要求它在俘获慢中子时放出来的射线能量要小，而且对中子是易吸收的。锂和硼较为适合，因为它们对热中子吸收截面大，分别为：71 barn（靶）和 759 barn，锂俘获中子时放出 γ 射线很少，可以忽略，而硼俘获的中子 95% 放出 0.7 MeV 的软 γ 射线，比较易吸收，因此常选含硼物或硼砂、硼酸作吸收剂。

在设置中子防护层时，总是把减速剂和吸收剂同时考虑；如含 2% 的硼砂（质量分数，下同）、石蜡、砖或装有 2% 硼酸水溶液的玻璃（或有机玻璃）水箱堆置即可，特别要注意防止中子产生泄漏。

任务 3.5 射线检测设备和器材

3.5.1 射线检测常用设备

射线检测常用的设备主要有 X 射线机、γ 射线机及加速器等，它们的结构区别较大。

3.5.1.1 X 射线机

X 射线机通常由 X 射线管、高压发生器、控制装置、冷却器、机械装置和高压电缆等部件组成。

A　X 射线机的分类

（1）X 射线机按能量高低分为：

1）普通 X 射线机。一般指管电压小于或等于 500 kV。

2）高能 X 射线机。一般指能量大于或等于 1 MeV。

（2）X 射线机按使用性能分为：

1）定向 X 射线机。40°左右圆锥角定向辐射，适用于定向单张拍片。

2）周向 X 射线机。360°周向辐射，适用于环焊缝周向曝光。

（3）X 射线机按其结构形式分为便携式、移动式和固定式 3 种。便携式 X 射线机如图 3-8 所示。

图 3-8　便携式 X 射线机实物

1）携带式 X 射线机。通常管电压小于或等于 300 kV，电流小于或等于 5 mA，结构简单，体积小，自重轻，适于高空和野外作业。

2）移动式 X 射线机。通常管电压可达 500 kV，电流较大，可达几十毫安。结构复杂体积和自重大，适于固定或半固定使用。

此外，还可按绝缘介质、工作频率等进行分类。

B　X 射线机的组成

通常 X 射线机由 4 个系统组成：高压系统、冷却系统、保护系统和控制系统。这里以工频 X 射线机为例进行介绍。

（1）高压系统。X 射线机的高压系统包括 X 射线管、高压发生器（高压变压器、灯丝变压器、高压整流管和高压电容）及高压电缆等。

X 射线管是 X 射线机的核心部件，其作用是直接产生 X 射线。其结构主要包括阴极灯丝、阳极靶、阳极体、阴极罩、阳极罩、玻璃外壳和窗口等。

高压变压器的作用是将输入的电源电压（通常是 220 V）通过变压器提升到几百千伏。灯丝变压器是一个降压变压器，其作用是将输入的电源电压（通常是 220 V）通过变压器降低到 X 射线管灯丝所需要的十几伏电压，并提供较大的加热电流（约十几安培）。高压整流管的作用是将交流电转换为直流电，有玻璃外壳二极整流管和高压硅堆两种。高压电容在倍压整流电路里使用，起储存能量并倍增电压的作用，高压电容采用金属外壳、耐高压、容量较大的纸介电容。

高压电缆是移动式 X 射线机用来连接高压发生器和 X 射线机头的电缆。

（2）冷却系统。冷却系统是保证 X 射线机正常工作和长期使用的关键，冷却不好，会造成 X 射线管阳极过热而损坏，还会导致高压变压器过热，绝缘性能变坏，耐压强度降低而被击穿等，甚至影响射线管的寿命。

油绝缘携带式 X 射线机管采用自冷方式，气体冷却 X 射线机常用六氟化硫（SF$_6$）气体作为绝缘介质，移动 X 射线机多采用循环油外冷方式。

（3）保护系统。X 射线机的保护系统主要有，每一个独立电路的短路过电流保护，X 射线管阳极冷却的保护，X 射线管的过载保护（过电流或过电压），零位保护，接地保护，其他保护。

（4）控制系统。控制系统是指 X 射线管外部工作条件的总控制部分，主要包括管电压的调节，管电流的调节，以及各种操作指示等。

3.5.1.2　γ射线机

A　γ射线机的优缺点

γ射线机又称为γ射线检测仪。它具有如下优缺点：

（1）优点。

1）穿透力强，最厚可透照 300 mm 钢材。

2）透照过程不用水和电，因而适合于野外、带电（高压电器设备）、高空、高温及水下等多种场合工作。

3）设备轻巧、简单、操作方便，可在 X 射线机和加速器无法达到的狭小部位工作。

（2）缺点。

1）半衰期短的γ源更换频繁。

2）要求严格的射线防护。

3）对缺陷发现的灵敏度略低于 X 射线机。

4）辐射能量固定，无法根据工件厚度进行调整。

B　γ射线机的分类

按所装放射性同位素不同，γ射线机可分为 Co60 γ射线机、Ir192 γ射线机、Se75 γ射线机、Cs137 γ射线机、Tm170 γ射线机和 Yb169 γ射线机。

按机体结构γ射线机可分为 S 形通道形式和直通道形式。

按使用方式γ射线机可分为便携式、移动式、固定式和管道爬行器 4 种。

C　γ射线机的结构

γ射线机的结构大体可分为 5 个部分：源组件、机体、驱动机构、输源管和附件。

（1）源组件。源组件由放射源物质、包壳和源辫组成。

（2）机体。机体最主要的部分是屏蔽容器，其内部通道设计有 S 形通道和直通道两种。

（3）驱动机构。驱动机构是一套用来将放射源从机体的屏蔽储藏位置驱动到曝光焦点位置，并能将放射源收回机体内的装置。

（4）输源管。输源管也称为源导管，由一根或多根软管连接一个一头封闭的包塑不锈钢软管制成，其用途是保证源始终在管内移动。

（5）附件。为了使用 γ 射线机时更加安全和操作方便，一般都配套一些设备附件，常用的有专用准直器、射线监测仪、个人剂量计、报警器、换源器、专用曝光计算尺和各种定位架等。

图 3-9 为 γ 射线机的类型，图 3-10 为 γ 射线机的配件。

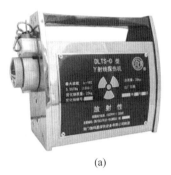 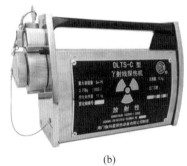 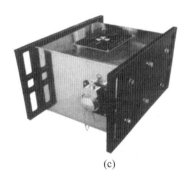

(a)　　　　　　　　　(b)　　　　　　　　　(c)

图 3-9　γ 射线机类型

（a）Ir192 γ；（b）Se75 γ；（c）Co60

 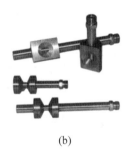 

(a)　　　　　　　　　(b)　　　　　　　　　(c)

图 3-10　γ 射线机配件

（a）输源管；（b）准直器；（c）曝光计算器

携带式 γ 射线机的射线源多采用 Ir192，适用于较薄件的检测；移动式 γ 射线机的射线源多采用 Co60，用于厚件检测；爬行式 γ 射线机用于野外焊接管线的检测。

3.5.1.3　加速器

加速器是带电粒子加速器的简称，其基本原理是利用电磁场使带电粒子（如电子、质子、氦核及其他重离子）获得能量。用于产生高能 X 射线（能量大于 1 MeV 的 X 射线）的加速器主要有电子感应式、电子直线式和电子回旋式 3 种，目前应用最广的是电子直线加速器。

加速器的优点有两个：一是射线束的能量、强度与方向均可精确控制，能量可高达 35 MeV，在检测钢铁时厚度可达 500 mm；二是射线焦点尺寸小，电子感应加速器的一般在（0.1 ~ 0.2）× 2 mm，电子直线加速器的略大，检测灵敏度高达 0.5% ~ 1%。目前，加速器的应用已日益广泛。

3.5.2　射线检测常用器材

射线检测常用器材有射线胶片、增感屏、像质计、黑度计及其他装置。

3.5.2.1　射线胶片

射线胶片不同于普通的感光胶片，一般感光胶片只在胶片片基的一面涂布感光乳剂层，在片基的另一面涂布反光膜。射线胶片在一片基的两面均涂有感光乳剂层，目的是增加卤化银含量，以吸收更多的穿透力很强的射线，提高胶片的感光速度，增加底片的黑度。因此射线胶片的厚度大于普通感光胶片。

射线胶片由 7 层组成：片基及两侧的结合层、感光乳剂层和保护层（图 3-11）。胶片厚度为 0.25 ~ 0.3 mm。

图 3-11 所示保护层的主要成分为明胶，可保护乳剂层不受损伤，增感；感光乳剂层主要成分为明胶、溴化银和微量碘化银（单层厚度 10 ~ 20 μm）。明胶具有增感作用，能使卤化银颗粒均匀悬浮、固定其中；溴化银在射线作用下将产生光化反应；碘化银可提高反差和改善感光性能。结合层主要成分为树脂，它能使乳剂层牢固地黏附在片基上。片基的主要成分为涤纶或三醋酸纤维，起支承全部涂层的作用。通常依据卤化银颗粒的粗细和感光速度的快慢将射线胶片予以分类。

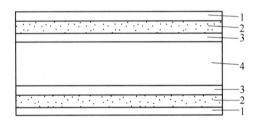

图 3-11　射线胶片结构
1—保护层；2—乳剂层；3—结合层；4—片基

目前新的胶片分类方法提出胶片系统的概念，所谓胶片系统是指包括射线胶片、增感屏（材质、厚度）和冲洗条件在内的组合。评价胶片的特性指标不仅与胶片有关，还受增感屏和冲洗条件等的影响。

按照 GB/T 19348.1—2014，胶片系统分为 6 类，即 C1、C2、C3、C4、C5 和 C6 类。C1 为最高类别，C6 为最低类别。胶片系统的特性指标主要有黑度、梯度、颗粒度、梯度与颗粒度的比等。胶片处理方法、设备和化学药剂可按照 GB/T 19348.2—2003 的规定，用胶片制造商提供的预先曝光胶片测试片进行测试和控制。胶片的感光特性主要有感光度（S）、灰雾度（D_0）、梯度（G）、宽容度（L）和最大密度（D_{max}）等。

3.5.2.2　增感屏

由于 X 射线和 γ 射线波长短、硬度大，对胶片的感光效应差，一般透过胶片的射线，大约只有 1% 能激发胶片中的银盐微粒感光。为了增加胶片的感光速度，利用某些增感物质在射线作用下能激发出荧光或产生次级射线，从而加强对胶片的感光作用。在射线透视照相中，所用的增感物质称为增感屏。

　　增感屏有金属增感屏、荧光增感屏和金属荧光增感屏三种，其中金属增感屏所得底片像质最佳，荧光增感屏最差。增感屏的主要作用是可产生二次电子和二次射线，增强射线对胶片的感光作用，缩短曝光时间，还可减少散射线引起的灰雾度，能提高胶片的感光速度和底片的成像质量。金属增感屏是由金属箔黏合在纸基或胶片片基上制成的。检测时与射线胶片紧密接触，布置在先于胶片接受射线照射位置的增感屏称为前屏，后于胶片接受射线照射者称为后屏。

　　增感系数为：

$$K = \frac{\text{在摄影密度为 } D \text{ 时，无增感所需曝光量}}{\text{产生相同的摄影密度 } D \text{ 时，用增感屏所需曝光量}}$$

A　金属增感屏

　　金属增感屏在受射线照射时产生 β 射线和二次标识 X 射线对胶片起感光作用，增加对胶片的曝光量。其增感较小，一般只有 2~7 倍。金属屏的增感特性通常是，原子序数增加，增感系数上升，辐射波长越短，增感作用越显著。但是原子序数越大，激发能量也要相应提高。

　　如果射线能量不能使金属屏的原子电离或激发，则不起增感作用，相反还会吸收一部分软射线。如铅增感屏，当管电压低于 80 kV 时，则基本上无增感作用。

　　在生产实践中，多采用铅 Pb(82)、锡 Sn(50) 和金 Au(79) 等原子序数较高的材料作金属增感屏，因为铅的压延性好，吸收散射线的能力强，如图 3-12 所示。

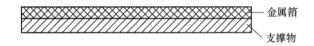

图 3-12　金属增感屏

B　荧光增感屏

　　荧光增感屏是利用荧光物质（$CaWO_4$）被射线激发产生荧光实现增感作用的，其结构如图 3-13 所示。它是将荧光物质均匀地涂布在质地均匀而光滑的支撑物（硬纸或塑料薄板等）上，再覆盖一层薄薄的透明保护层组合而成的。

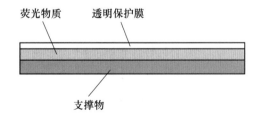

图 3-13　荧光增感屏构造示意图

C　金属荧光增感屏

　　金属荧光增感屏是在铅箔上涂一层荧光物质组合而成的，其结构如图 3-14 所示。它具有荧光增感的高增感系数，又有吸收散射线的作用。

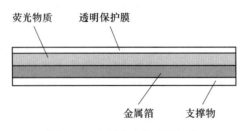

图 3-14　金属荧光增感屏结构

增感方式的选择通常考虑三方面的因素：产品设计对检测的要求、射线能量和胶片类型。

3.5.2.3　像质计

像质计是用来检查和定量评价射线底片影像质量的工具，又称为透度计。在透视照相中，要评定缺陷的实际尺寸是困难的，因此，要用透度计来做参考比较。同时，还可以用透度计来鉴定照片的质量和作为改进透照工艺的依据。透度计要用与被透照工件材质吸收系数相同或衰减性能相近的材料制成。检测时，将像质计置于工件待检部位附近，在底片上同时出现影像。

工业照相用像质计有金属丝型、孔型和槽型 3 种，其中金属丝型应用最广。像质计的槽、孔、丝等尺寸与被检工件厚度有一定关系，但像质计的指示数值并不等于被检工件中可以发现的自然缺陷的实际尺寸。

金属丝透度计是以一套（7~11 根）不同直径（0.1~4.0 mm）的金属丝（钢、铁、铜、铝）均匀排列，黏合于两层塑料或薄橡皮中间而构成的。

为区别透度计型号，在金属丝两端摆上与号数对应的铅字或铅点。金属丝一般分为两类，透照钢材时用钢丝透度计，透照铝合金或镁合金时用铝丝透度计。图 3-15 为金属丝透度计的结构示意图（图中 JB 表示"机械工业部标准"）。

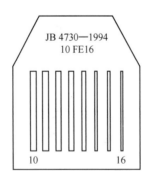

图 3-15　金属丝透度计

线型像质计的使用：射线源一侧，被检区一端的焊缝上（1/4 处），细线位于远离被检区中心的外侧，如图 3-16 所示。

使用金属丝透度计时，应将其置于被透照工件的表面，并应使金属丝直径小的一侧远离射线束中心。这样可保证整个被透照区的灵敏度达到如下计算数值：

$$K = \frac{\varphi}{d} \times 100\%　\qquad (3-12)$$

式中　φ——观察到的最小金属丝直径；

　　　d——被透照工件部位的总厚度。

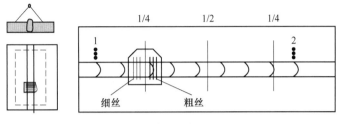

图 3-16　像质计的放置方式

3.5.2.4　黑度计

黑度计又称为光学密度计，主要用于测量射线照相底片的黑度。目前广泛使用的是数字显示黑度计，可直接显示出底片黑度。注意，使用前应进行"校零"。

黑度计可测的最大黑度应不小于 4.5，测量值的误差应不超过 ±0.05。黑度计应至少每 6 个月校验一次。

3.5.2.5　观片灯

观片灯如图 3-17 所示，其主要性能应符合 GB/T 19802—2005 的有关规定，最大亮度（cd/m^2）应能满足评片的要求，主要性能指标还包括可观测的黑度、均匀度、观察屏大小、观察屏光衰周期、噪声和净质量等。

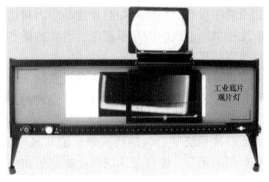

图 3-17　自带放大镜的观片灯

射线检测器材还包括暗盒、标记带、屏蔽铅板、铅罩等其他装置。

暗盒的作用是保护胶片不受光和机械损伤。材料应对射线的吸收不明显。如不透明橡胶或塑料，黑纸或薄铝片等。

标记带其上的铅质标记有：定位标记、识别标记、B 标记等。

任务 3.6　射线照相法检测

射线照相法检测系统的基本组成，如图 3-18 所示。

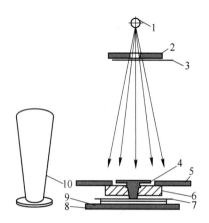

图 3-18　射线照相法检测系统基本组成

1—射线源；2—铅光阑；3—滤板；4—像质计、标记带；5—铅遮板；

6—工件；7—滤板；8—底部铅板；9—暗盒、胶片、增感屏；10—铅罩

　　射线照相法检测是通过观察底片上的缺陷影像，对照相关标准来评定焊件内部质量的一种检测方法，因此如何能够获得高质量的底片影像至关重要。评价射线照相影像质量最重要的指标是射线照相灵敏度。所谓射线照相灵敏度，从定量方面来说，是指在射线底片上可以观察到的最小缺陷尺寸或最小细节尺寸；从定性方面来说，是指发现和识别细小影像的难易程度。

　　射线照相灵敏度受射线照相对比度、不清晰度和颗粒度三大要素的综合影响，而这三大要素又分别受不同工艺因素的影响。射线照相对比度是主因对比度和胶片对比度共同作用的结果，主因对比度取决于缺陷造成的透照厚度差、射线的质和散射比；胶片对比度取决于胶片类型、显影条件及底片黑度。

　　射线照相不清晰度主要由几何不清晰度和固有不清晰度两方面因素构成。几何不清晰度取决于焦点尺寸、焦点至工件表面的距离和工件表面至胶片的距离；固有不清晰度取决于射线的质、增感屏种类、屏与片的贴紧程度。

　　射线照相颗粒度取决于胶片系统（射线的质、曝光量和底片黑度）。影像的对比度决定了在射线透照方向上可识别的细节，影像的不清晰度决定了在垂直于射线透照方向上可识别的细节尺寸，影像的颗粒度决定了影像可记录的细节最小尺寸。因此，只有正确选择透照工艺条件才能获得高质量的底片影像。

3.6.1　射线源及能量的选择

　　选择射线源主要考虑应能保证射线对被检工件具有足够的穿透力。X 射线的穿透力取决于管电压，管电压越高，穿透厚度越大。选择 X 射线能量时，除了保证穿透力外还要保证射线照相的灵敏度，因此，在保证穿透力的前提下，应选择能量较低的 X 射线。在有透照厚度差时，还必须考虑能得到合适的透照厚度宽容度，射线能量应适当高些。γ 射线的穿透力取决于放射源的种类，放射源选定后，射线能量不可改变，为了保证灵敏度，应规定透照厚度的上限和下限。

3.6.2　像质等级的确定

对给定工件进行射线照相检测时，应根据有关规程和标准要求选择适当的检测条件。例如，NB/T 47013.3—2015 对透照钢熔焊对接接头规定了射线照相的质量等级：

A 级低灵敏度技术：成像质量一般，适用于承受负载较小的产品及部件。

AB 级中灵敏度技术：成像质量较高，适用于锅炉和压力容器产品及部件。

B 级高灵敏度技术：成像质量最高，适用于航天和核设备等极为重要的产品及部件。

不同的像质等级，对射线底片的黑度、灵敏度均有不同的规定。为达到其要求，需从检测器材、方法、条件和程序等各方面预先进行正确选择和全面合理的布置。

射线检测技术等级选择应符合制造、安装、在用等有关标准及设计图样的规定。承压设备对接焊接接头的制造、安装、在用时的射线检测，一般应采用 AB 级射线检测技术进行检测。对重要设备、结构、特殊材料和特殊焊接工艺制作的对接焊接接头，可采用 B 级技术进行检测。

由于结构、环境条件、射线设备等方面的限制，检测的某些条件不能满足 AB 级（或 B 级）射线检测技术的要求时，经检测方技术负责人批准，在采取有效补偿措施（例如，选用更高类别的胶片）的前提下，若底片的像质计灵敏度达到了 AB 级（或 B 级）射线检测技术的规定，则可认为按 AB 级（或 B 级）射线检测技术进行了检测。

承压设备在用检测中，由于结构、环境、射线设备等方面限制，检测的某些条件不能满足 AB 级射线检测技术的要求时，经检测方技术负责人批准，在采取有效补偿措施（例如，选用更高类别的胶片）后可采用 A 级技术进行射线检测，但应同时采用其他无损检测方法进行补充检测。

3.6.3　透照几何参数的选择

射线源焦点的大小及焦距（焦点至胶片的距离）的大小对射线照相灵敏度影响较大。焦点越大，半影（缺陷在底片上的影像黑度逐渐变化的区域）也越大，成像就越不清晰，因此应选择尽量小的焦点尺寸。为了提高底片的清晰度，在相关标准中，对射线源至胶片的最小距离都提出了要求。焦距增大，射线照相清晰度提高，使每次透照长度增加，但同时也使射线强度大大降低，使曝光时间过长。因此也不能为了提高清晰度而无限地加大透照距离，一般采用 400~700 mm 的透照距离。

3.6.4　曝光量的选择

曝光量是指射线源发出的射线强度与照射时间的乘积，即 $E = It$，E 的单位为 mCi·h（毫居里·小时）。在透照时，如果固定各项透照条件（试件尺寸、源或管电压 t 试件、胶片的相对位置、胶片和增感屏），则底片的黑度与曝光量有很好的对应关系，因此可以通过改变曝光量来控制底片黑度。为了保证射线照相质量，相关标准都规定了曝光量不应低于某一最小值。如 NB/T 47013.3—2015 规定 X 射线照相当焦距为 700 mm 时，曝光量推荐值为：A 级和 AB 级不低于 15 mA·min；B 级不低于 20 mA·min。

3.6.5　焦距的选择

　　焦距是指从放射源（焦点）至胶片的距离。焦距选择与射线源的几何尺寸和试件厚度有关。为了减小几何不清晰度，胶片都应尽可能紧靠试件，焦距越大越好。但焦距增大，使曝光时间急剧增加或者提高 X 射线管电压。为了保证底片的影像质量和缩短曝光时间，在满足几何不清晰度要求下，焦距应尽可能减小。

3.6.6　透照方式的选择

　　应根据工件特点和技术条件的要求选择适宜的透照方式。常见焊缝的透照方式如图 3-19 所示。图中 d 表示射线源的有效焦点尺寸，F 表示焦距，b 表示工件至胶片的距离，f 表示射线源至工件的距离，T 或 t 表示公称厚度，D_0 表示管子外径。

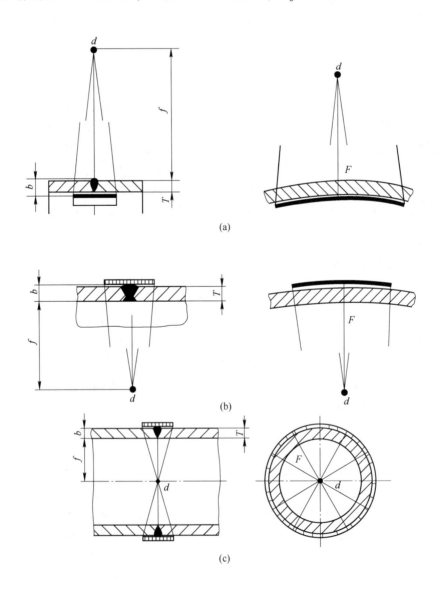

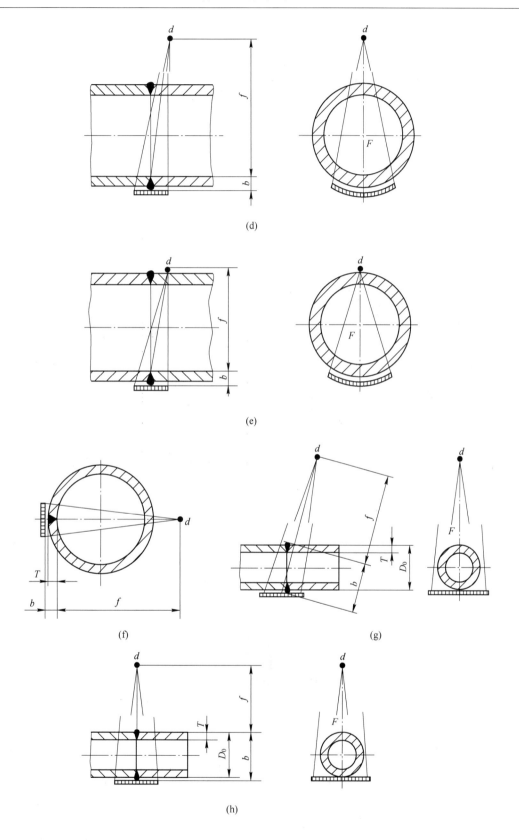

(d)

(e)

(f)

(g)

(h)

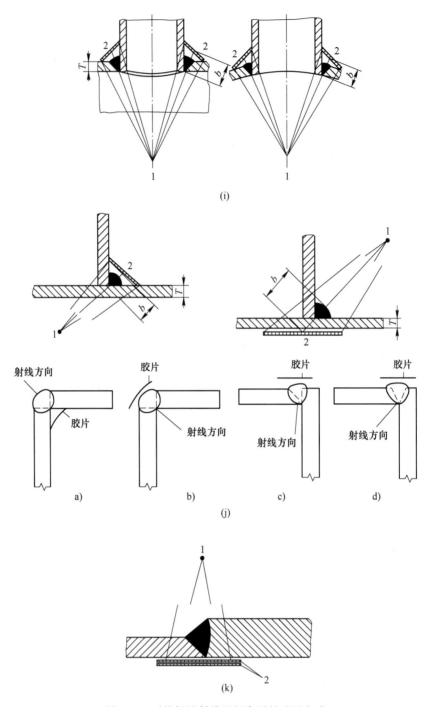

图 3-19　对接焊缝射线照相常用的透照方式

（a）纵、环向焊接接头源在外单壁透照方式；（b）纵、环向焊接接头源在内单壁透照方式；

（c）环向焊接接头源在中心周向透照方式；（d）环向焊接接头源在外双壁单影透照方式；

（e）环向焊接接头源在外双壁单影透照方式；（f）纵向焊接接头源在外双壁单影透照方式；

（g）小管径环向对接焊接接头倾斜透照方式（椭圆成像）；（h）小管径环向对接焊接接头垂直透照方式（重叠成像）；

（i）插入式管座焊缝单壁中心内部透照；（j）角焊缝透照；（k）厚度变化工件的多胶片透照

选择透照方式时，应综合考虑以下几方面因素：透照灵敏度、缺陷检出特点、透照厚度差和横向裂纹检出角、一次透照长度以及操作的方便性，另外还应考虑试件和检测设备的具体情况。

3.6.7　检测位置的确定及其标记

在检测工作中，应根据产品制造标准及相关技术条件确定检测比例和检测位置。对于选定的焊缝检测位置必须进行标记，使每一张射线底片与焊件被检部位一一对应。标记内容包括定位标记（中心标记、搭接标记）和识别标记（焊件编号、焊缝编号、部位编号、返修编号等）。标记一般应放置在距焊缝边缘至少 5 mm 以外的部位，如图 3-20 所示。

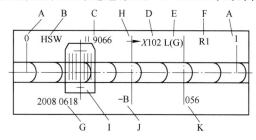

图 3-20　各种标记相互位置（标记系）

A—搭接标记；B—制造厂代号；C—产品令号；D—焊件编号；E—焊缝类别（纵、环缝）；
F—返修次数；G—检验日期；H—中心定位标记；I—像质计；J—B 标记；K—操作者代号

3.6.8　射线能量的选择

3.6.8.1　X 射线能量

X 射线照相应尽量选用较低的管电压。在采用较高管电压时，应保证适当的曝光量。图 3-21 规定了不同材料、不同透照厚度允许采用的最高 X 射线管电压。对截面厚度变化大的材料或结构，在保证灵敏度要求的前提下允许采用超过图 3-21 规定的 X 射线管电压但应符合相关标准要求。

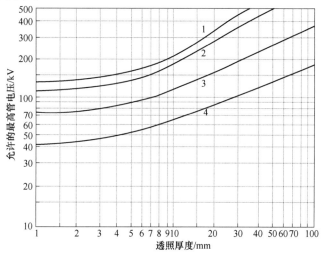

图 3-21　不同材料、不同透照厚度允许采用的最高 X 射线管电压

1—铜及铜合金；2—铜；3—钛及钛合金；4—铝及铝合金

3.6.8.2 γ射线源和高能射线能量

一般情况下，γ射线源和高能 X 射线透照厚度范围见表 3-2。

表 3-2 γ射线源和能量 1 MeV 以上 X 射线设备的透照厚度范围（钢、不锈钢、镍合金等）

射线源	透照厚度 w/mm	
	A 级，AB 级	B 级
Se75	≥10~40	≥14~40
Ir192	≥20~100	≥20~90
Co60	≥40~200	≥60~150
X 射线（1~4 MeV）	≥30~200	≥50~180
X 射线（>4~12 MeV）	≥50	≥80
X 射线（>12 MeV）	≥80	≥100

所选用的射线源至工件表面的距离应满足下述要求：

A 级射线检测技术等级为：

$$f > 7.5db^{2/3} \tag{3-13}$$

式中 f——射线源至工件的最小距离，mm；

　　　d——射线源的尺寸，mm；

　　　b——工件至胶片的距离，mm。

AB 级射线检测技术等级为：

$$f \geqslant 10db^{2/3} \tag{3-14}$$

B 级射线检测技术等级为：

$$f \geqslant 15db^{2/3} \tag{3-15}$$

也可根据 3 个技术等级关系式制作相应诺模图，根据诺模图确定射线源至工件表面的最小距离，如图 3-22 所示。射线源尺寸 d 按规范计算。

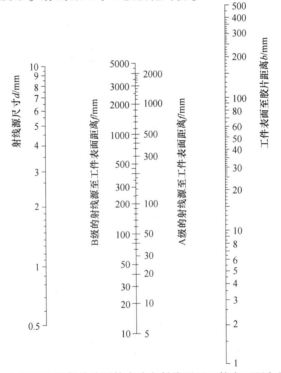

图 3-22 A 级和 B 级射线检测技术确定射线源至工件表面距离的诺模图

任务 3.7　焊缝射线底片的评定

焊缝探伤示例

3.7.1　射线底片评定等级

射线底片的评定工作简称评片，由Ⅱ级或Ⅱ级以上检测人员在评片室内利用观片灯、黑度计等仪器和工具进行这项工作。

（1）底片质量评定合格的射线底片应保证以下各项符合相关标准的规定：黑度值 D（含灰雾度 D）、像质指数 Z、检验标记齐全（正确）、B 标记、有效检验区内没有伪缺陷及其他妨碍底片评定的缺陷。质量不符合要求的底片必须重新拍照。

（2）焊缝质量的评级在相关标准中，根据缺陷的性质、缺陷的尺寸及数量将焊缝质量分为Ⅰ、Ⅱ、Ⅲ、Ⅳ共 4 级，其质量依次降低。

Ⅰ级焊缝内不允许有裂纹、未熔合、未焊透以及条状夹渣等 4 种缺陷存在，允许有一定数量和一定尺寸的圆形缺陷存在。

Ⅱ级焊缝内不允许有裂纹、未熔合、未焊透等 3 种缺陷存在，允许有一定数量、一定尺寸的条状夹渣和圆形缺陷存在。

Ⅲ级焊缝内不允许有裂纹、未熔合以及双面焊和加垫板的单面焊中的未焊透存在，允许有一定数量和一定尺寸的条状夹渣和圆形缺陷及未焊透（指非氩弧焊封底的不加垫板的单面焊）存在。

Ⅳ级焊缝指焊缝缺陷超过Ⅲ级者。

圆形缺陷、条状夹渣（含Ⅲ级焊缝中允许存在的未焊透）的具体评级及两种以上缺陷同时存在的综合评级，可详见标准的有关内容。

通过正确评片而得到的相应焊缝质量等级，根据有关产品技术条件和规程可给出合格或不合格的结论。

3.7.2　焊接缺陷显示特点

焊接缺陷在射线检测中的显示在射线照相底片上和工业 X 射线电视屏幕的显示特点见表 3-3。

表 3-3　焊接缺陷显示特点

焊接缺陷		射线照相法底片	工业 X 射线电视法屏幕
种类	名称		
裂纹	横向裂纹	与焊缝方向垂直的黑色条纹	形貌同左的灰白色条纹
	纵向裂纹	与焊缝方向一致的黑色条纹，两头尖细	形貌同左的灰白色条纹
	放射裂纹	由一点辐射出去的星形黑色条纹	形貌同左的灰白色条纹
	弧坑裂纹	弧坑中纵、横向及星形黑色条纹	位置与形貌同左的灰白色条纹
未熔合未焊透	未熔合	坡口边缘、焊道之间及焊缝根部等处伴有气孔或夹渣的连续或断续黑色影像	分布同左的灰白色图像
	未焊透	焊缝根部钝边未熔化的直线黑色影像	灰白色直线状显示

焊接缺陷		射线照相法底片	工业 X 射线电视法屏幕
种类	名称		
夹渣	条状夹渣	黑度值较均匀的呈长条黑色不规则影像	亮度较均匀的长条灰白色图像
圆形缺陷	夹钨	白色块状	黑色块状
	点状夹渣	黑色点状	灰白色点状
	球形气孔	黑度值中心较大，边缘较小，且均匀过渡的圆形黑色影像	黑度值中心较小，边缘较大，且均匀过渡的圆形灰白色显示
	均布及局部密集气孔	均匀分布及局部密集的黑色点状影像	形状同左的灰白色图像
	链状气孔	与焊缝方向平行，成串并呈直线的黑色影像	方向与形貌同左的灰白色图像
	柱状气孔	黑度极大且均匀的黑色圆形显示	亮度极高的白色圆形显示
	斜针状气孔	单个或呈人字形分布的带尾黑色影像	形貌同左的灰白图像
	表面气孔	黑度值不太高的圆形影像	亮度不太高的圆形显示
	弧坑缩孔	指焊道末端的凹陷，为黑色显示	呈灰白色图像
形状缺陷	咬边	位于焊缝边缘与焊缝走向一致的黑色条纹	灰白色条纹
	缩沟	单面焊，背部焊道两侧的黑色影像	灰白色图像
	焊缝超高	焊缝正中的灰白色突起	
	下塌	单面焊，背部焊道正中的灰白色影像	
	焊瘤	焊缝边缘的灰白色突起	
	错边	焊缝一侧与另一侧的黑色的黑度值不同，有一明显界限	
	下垂	焊缝表面的凹槽，黑度值较高的一个区域	分布同左，但亮度较高
	烧穿	单面焊，背部焊道有气孔，黑色影像	灰白色显示
	缩根	单面焊，背部焊道正中的沟槽，呈黑色影像	灰白色显示
其他缺陷	电弧擦伤	母材上的黑色影像	灰白色显示
	飞溅	灰白色圈点	黑色圈点
	表面撕裂	黑色条纹	灰白色条纹
	磨痕	黑色影像	灰白色显示
	凿痕	黑色影像	灰白色显示

任务 3.8　常见缺陷及其在底片上的影像特征

3.8.1　裂纹

　　裂纹主要是在熔焊冷却时因热应力和相变应力而产生的，也有在校正和疲劳过程中产生的，是危险性最大的一种缺陷。裂纹影像较难辨认。因为断裂宽度、裂纹取向、断裂深度不同，使其影像有的较清晰，有的模糊不清。

　　常见的有纵向裂纹、横向裂纹和弧坑裂纹，分布在焊缝上或热影响区。

　　裂纹的危害性：裂纹是焊接缺陷中危害性最大的一种。裂纹是一种面积型缺陷，具有三维尺寸的缺陷称为体积型缺陷，具有二维尺寸（第三维尺寸极小）的缺陷称为面积型缺陷，它的出现将显著减少承载截面积，更严重的是裂纹端部形成尖锐缺口，应力高度集中，很容易扩展导致破坏。

实践得知：焊接结构的破坏大部分是由于裂纹造成。

裂纹在底片上的形貌（图 3-23）：

（1）黑细线条，略带曲齿及有波状细纹，两端尖细，黑度逐渐淡漠消失。有时，端头前方有丝状阴影延伸。

（2）裂纹呈一条直线细纹，轮廓分明，两端常较尖细；中部稍宽不大含有分枝，边缘没有松状现象。

（3）放射性裂纹，黑度较浅。

裂纹的检验和定量，单靠射线是不够的，必要时，要用其他检测手段；如在超声波检测和磁粉检测配合下验证。

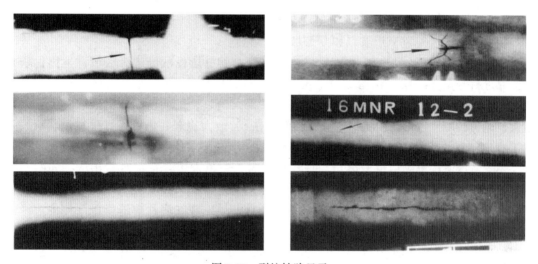

图 3-23　裂纹缺陷显示

3.8.2　未熔合

未熔合是指熔焊时，焊道与母材之间或焊道与焊道之间，未完全熔化结合的部分。

点焊时母材与母材之间未完全熔化结合的部分，如图 3-24 所示。

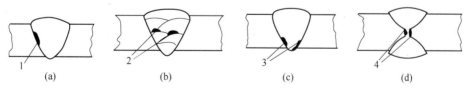

图 3-24　未熔合缺陷显示

（a）侧面未熔合；（b）层间未熔合；（c）单 V 坡口根部未熔合；（d）X 坡口根部未熔合

（1~4 为未熔合缺陷显示）

产生未熔合缺陷的主要原因：焊接电流过小；焊接速度过快；焊条角度不对；产生了弧偏吹现象；焊接处于下坡焊位置，母材未熔化时已被铁水覆盖；母材表面有污物或氧化物影响熔敷金属与母材间的熔化结合等。

未熔合的危害性：未熔合（实质是一种虚焊）也是一种面积型缺陷，坡口未熔合和根部未熔合对承载截面积的减小都非常明显，应力集中也比较严重，其危害性仅次于裂纹。

未熔合在底片上的形貌：根部未熔合的典型影像是一条细直黑线，线的一侧轮廓整齐且黑度较大，为坡口钝边痕迹，另一侧轮廓可能较规则也可能不规则，根部未熔合在底片上的位置应是焊缝根部的投影位置，一般在焊缝中间，因坡口形状或投影角度等原因也可能偏向一边。

坡口未熔合的典型影像是连续或断续的黑线，宽度不一，黑度不均匀，一侧轮廓较齐，黑度较大，另一侧轮廓不规则，黑度较小，在底片上的位置一般在焊缝中心至边缘的1/2 处，沿焊缝纵向延伸。

层间未熔合的典型影像是黑度不大的块状阴影，形状不规则，如伴有夹渣时，夹渣部位的黑度较大。较小时，底片上不易发现。

3.8.2.1　坡口未熔合

按坡口形式可分为 V 形坡口和 U 形坡口未熔合。

（1）V 形（X 形）坡口未熔合。常出现在底片焊缝影像两侧边缘区域，呈黑色条云状，靠母材侧呈直线状（保留坡口加工痕迹），靠焊缝中心侧多为弯曲状（有时为曲齿状）。垂直透照时，黑度较淡，靠焊缝中心侧轮廓欠清晰。沿坡口面方向透照时会获得黑度大、轮廓清晰、近似于线状细夹渣的影像。在 5X 放大镜观察仍可见靠母材侧具有坡口加工痕迹（直线状），靠焊缝中心侧仍是弯曲状。该缺陷多伴随夹渣同生，故称黑色未熔合，不含渣的气隙称为白色未熔合。垂直透照时，白色未熔合是很难检出的，如图 3-25（a）所示。

（2）U 形（双 U 形）坡口未熔合。垂直透照时，出现在底片焊缝影像两侧的边缘区域内，呈直线状的黑线条，如同未焊透影像，在 5X 放大镜观察仍可见靠母材侧具有坡口加工痕迹（直线状），而靠焊缝中心侧可见有曲齿状（或弧状），并在此侧常伴有点状气孔。黑度均匀，轮廓清晰，也常伴有夹渣同生，倾斜透照时，形态和 V 形的相同，如图 3-25（b）所示。

3.8.2.2　焊道之间的未熔合

按其位置可分为并排道间未熔合和上下道间（又称层间）未熔合。

（1）并排焊道之间未熔合。垂直透照时，在底片上多呈现为黑色线（条）状，黑度不均匀、轮廓不清晰，两端无尖角、外形不规正，与细条状夹渣雷同，大多沿焊缝方向伸长，5X 放大镜观察时，轮廓边界不明显，如图 3-25（c）所示。

（2）层间未熔合。垂直透照时，在底片上多呈现为黑色的不规正的块状影像。黑度淡而不均匀。一般多为中心黑度偏大，轮廓不清晰，与内凹和凹坑影像相似，如图 3-25（d）所示。

3.8.2.3　单面焊根部未熔合

垂直透照时，在底片焊缝根部焊趾在线出现的呈直线型的黑色细线，长度一般多在5~15 mm，黑度较大，细而均匀，轮廓清晰，5X 放大镜观察可见靠母材侧保留钝边加工痕迹，靠焊缝中心侧呈曲齿状，大多与根部焊瘤同生，如图 3-25（e）所示。

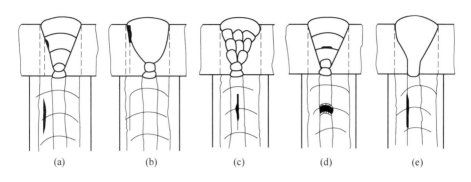

图 3-25　未熔合缺陷显示

对未熔合缺陷评判，要持慎重态度，因为有时与夹渣很难区分，尤其是层间未熔合容易误判。一般与夹渣的区别在于黑度的深浅和外貌形状规则等。

3.8.3　未焊透

未焊透是指母材金属之间没有熔合在一起（图 3-26）。此缺陷常发生在焊缝根部。未焊透可分为双面焊未焊透和单面焊未焊透两种。

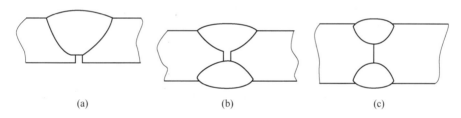

图 3-26　未焊透缺陷种类
（a）单 V 坡口未焊透；（b）X 坡口未焊透；（c）无坡口未焊透

产生未焊透缺陷的主要原因：焊接电流过小，焊接速度过快；坡口角度太小；根部钝边太厚；间隙太小；焊条角度不当；电弧太长等。

未焊透的危害性：未焊透也是一种比较危险的缺陷，其危害性取决于缺陷的形状、深度和长度。它除降低焊缝的强度外，也容易在未焊透区域延伸成裂纹，导致材料断裂，连续未焊尤为严重。

未焊透在底片上的形貌：未焊透在底片上是位于焊缝中间，这种缺陷在底片上所显示形貌是笔直一条黑线，线条连续或断续都有。呈条状或带状，其宽窄取决于对缝间隙的大小，有时对缝很小，在底片呈一条很细黑线，似裂纹，但无尾梢。阴影的黑度均匀，轮廓明显，当有夹渣和气孔伴随时，虽然线条的宽度和黑度在局部有所改变，但其线条本身仍是一条直线。有时，这条笔直的黑线因焊接、透照因素，也会出现在焊缝的边缘一侧。

3.8.3.1　单面焊根部未焊透

在底片上多呈现为规则的、轮廓清晰、黑度均匀的直线状黑线条，有连续和断续之分。垂直透照时，多位于焊缝影像的中心位置，线条两侧在 5X 放大镜观察可见保留钝边加工痕迹。其宽度是依据焊根间隙大小而定。两端无尖角（在用容器未焊透两端若出现尖角，则表示未焊透已扩展成裂纹）。它常伴随根部内凹、错口影像，如图 3-27（a）所示。

3.8.3.2　双面焊坡口中心根部未焊透

在底片上多呈现为规则的、轮廓清晰、黑度均匀的直线性黑色线条，垂直透照时，位于焊缝影像的中心部位，在 5X 放大镜观察明显可见两侧保留原钝边加工痕迹。常伴有链孔和点状或条状夹渣，有断续和连续之分，其宽度也取决于焊根间隙的大小，一般多为较细的（有时如细黑线）黑色直线纹，如图 3-27（b）所示。

3.8.3.3　带垫板（衬环）的焊根未焊透

在底片上常出现在钝边的一侧或两侧，外形较规则，靠钝边侧保留原加工痕迹（直线状），靠焊缝中心侧不规则，呈曲齿（或曲弧）状，黑度均匀，轮廓清晰。当因根部间隙过小、钝边高度过大而引起的未焊透，或采用缩口边做衬垫以及用机械加工法在厚板边区加工成垫环的未焊透和双面焊未焊透影像雷同，如图 3-27（c）～（e）所示。

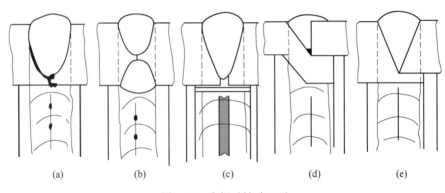

（a）　　　　　　（b）　　　　　　（c）　　　　　　（d）　　　　　　（e）

图 3-27　未焊透缺陷显示

3.8.4　夹渣

夹渣是指焊缝金属中残留有外来固体物质所形成的缺陷，以及焊后残留在焊缝中的金属颗粒。

夹渣是焊接过程中比较容易产生的缺陷，通常尤以残留在焊缝金属中的熔剂形成的夹渣最为常见。

熔剂夹渣：是指焊条药皮或焊剂不溶物而产生的夹渣物。

金属夹渣：是指焊缝金属中残留的金属颗粒。如：钨金属。

夹渣在焊缝中的形状有：单个点状夹渣、条状夹渣、链状夹渣和密集夹渣等。

按形态：夹渣可分为点状夹渣、块状夹渣、条状夹渣等（图 3-28）。按其成分可分为金属夹渣和非金属夹渣。

3.8.4.1　点状（块状）

点（块）状非金属夹渣：在底片上呈现为外形无规则，轮廓清晰，有棱角、黑度淡而均匀的点（块）状影像。分布有密集（群集）、链状，也有单个分散出现。主要是焊剂或药皮成渣残留在焊道与母材（坡口）或焊道与焊道之间，如图 3-29（a）所示。

点状金属夹渣：如钨夹渣、铜夹渣。钨夹渣在底片上多呈现为淡白色的点块状亮点。轮廓清晰、大多群集成块，在 5X 放大镜观察有棱角。铜夹渣在底片上多呈灰白不规正的

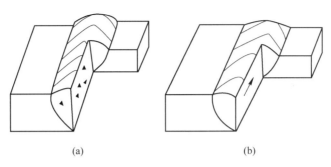

图 3-28 夹渣种类

(a) 单个点状夹渣；(b) 条状夹渣

影像，轮廓清晰，无棱角，多为单个出现。夹珠，在底片上多为圆形的灰白色影像，在白色的影像周围有黑度略大于焊缝金属的黑度圆圈，如同形状"O"或"C"。主要是大的飞溅或断弧后焊条（丝）头剪断后埋藏在焊缝金属之中，周围一卷黑色影像为未熔合。

3.8.4.2 条状夹渣

按形成原因可分为焊剂药皮形成的熔渣，金属材料内的非金属元素偏析在焊接过程中形成的氧化物（SiO_2、SO_2、P_2O_3）等条状夹杂物。

条状夹渣：在底片上呈现出带有不规则的、两端呈棱角（或尖角），沿焊缝方向延伸成条状的，宽窄不一的黑色影像，黑度不均匀，轮廓较清晰。这种夹渣常伴随焊道之间和焊道与母材之间的未熔合同生，如图 3-29（b）所示。

条状夹杂物：在底片上，其形态和条渣雷同，但黑度淡而均匀，轮廓欠清晰，无棱角，两端成尖细状。多残存在焊缝金属内部，分布多在焊缝中心部位（最后结晶区）和弧坑内，局部过热区残存更明显，如图 3-29（c）所示。

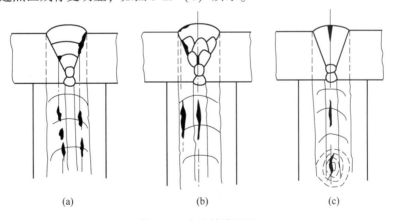

(a)   (b)   (c)

图 3-29 夹渣缺陷显示

产生非金属夹渣的主要原因：焊接电流太小，焊接速度太快；熔池金属凝固过快；运条不正确；铁水与熔渣分离不好；层间清渣不彻底等。

产生金属夹渣的主要原因：焊接电流过大或钨极直径太小，氩气保护不良引起钨极烧损，钨极触及熔池或焊丝而剥落。

夹渣的危害性：夹渣是一种体积型缺陷，容易被射线照相检出。夹渣会减少焊缝受力截面。夹渣的棱角容易引起应力集中，成为交变载荷下的疲劳源。

夹渣在底片上的形貌：非金属夹渣在底片上的影像是黑点，黑条或黑块，形状不规则，黑度变化无规律，轮廓不圆滑，有的带棱角。

非金属夹渣可能发生在焊缝中的任何位置，条状夹渣的延伸方向多与焊缝平行。

钨夹渣在底片上的影像是一个白点，由于钨对射线的吸收系数很大，因此白点的黑度极小（极亮），据此可将其与飞溅影像相区别，钨夹渣只产生在非熔化极氩弧焊焊缝中，该焊接方法多用于不锈钢薄板焊接和管子对接环焊缝的打底焊接。

钨夹渣尺寸一般不大，形状不规则。大多数情况是以单个形式出现，少数情况是以弥散状态出现。

3.8.5　气孔

气孔是指焊接时，熔池中的气泡在凝固时未能逸出，而残留下来所形成的空穴。

气孔分内气孔和外气孔两种：小的很小，在显微镜下才能看到，大的可达 $\phi6$ mm 以上。气孔是由于气体熔解于液态金属内，在冷却中金属熔解度降低，部分气体企图进入大气，但遇到金属结晶的阻力，使它不能顺利地逸出而残留于金属内，形成了内气孔，或逸在表面形成外气孔。

气孔在焊缝中的分布有的是单个气孔，有的是成群状或链状气孔等。如焊缝中的单个球形气孔、大量气孔在焊缝金属中均匀分布的均布气孔、焊缝中局部密集气孔。图 3-30 所示为气孔缺陷类型。

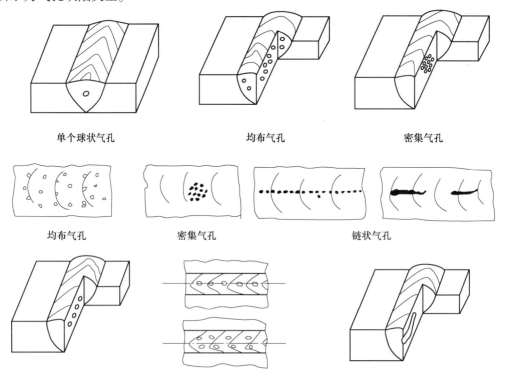

单个球状气孔　　　　　　　均布气孔　　　　　　　密集气孔

均布气孔　　　　　　密集气孔　　　　　　链状气孔

与焊缝轴线平行的链状气孔　　　　　长度方向与焊缝轴线近似平行的非球形的长气孔

图 3-30　气孔缺陷类型

由于气体上浮引起的管状孔穴、虫形孔穴的位置和形状是由固化的形式和气体的来源决定的，通常它们是成群或单个出现并且成人字形分布，如图 3-31 所示。

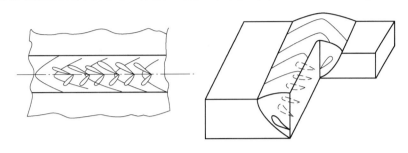

图 3-31　管状气孔缺陷

产生气孔的主要原因：基本金属或填充材料表面有锈、油等未清干净。焊条及熔剂没有充分烘干。电弧能量过小或焊速过快。焊缝金属脱氧不足。

气孔的危害：焊缝中由于气孔的残留，必然减少焊缝金属的有效截面，从而使焊接接头的强度降低。特别是密集气孔会使焊缝不致密，降低接头塑性和引起构件的焊缝处泄漏。

气孔与裂纹和未焊透比较，它的危害性要差一些，所以标准中允许限量存在。但是，要力求焊缝无气孔或尽量减少气孔数量。

3.8.5.1　手工电弧焊中的气孔

从底片上观察气孔的形影，多数是圆形或近似圆形的小黑点。从阴影观察，轮廓比较圆滑，其黑度中心较大，并均匀向边缘减小。气孔阴影，边缘轮廓不太明显，原因是气孔在焊缝内部呈球形空隙，沿射线束方向中心部分厚度改变量最大，周围部分较小，透过射线的强弱不同所致。

3.8.5.2　自动焊中的气孔

气孔通常较大（$\phi 2 \sim 6$ mm），形影一般是圆形或卵形。

气孔在底片上黑度大，边绝轮廓颇明显，也有的不明显，与手工电弧焊相似，但直径较大。

影有时呈两个同心圆或偏心圆的，中心黑度较大，这实际上是成圆柱形或圆锥形的气孔。这是由于射线束与缺陷倾斜或缺陷本身倾斜造成的。还有可能是缺陷的重叠。

底片上呈浅淡的圆影痕，直径 $1 \sim 4$ mm。这种缺陷，实际上是焊缝内部有一粒不与熔焊金属相熔合的"铁珠"俗称"夹珠"。

底片上显现一种小而特黑的阴影，直径较小，轮廓清晰，这可能是针孔。还有一种长度 $3 \sim 6$ mm 呈锥形阴影，由粗到细均匀减小，有时略弯曲，黑度大小都可能有，这可能是虫孔。

自动焊针孔多数在焊缝的中心，手工焊在焊缝的任一部位都可能发生。

密集气孔，在焊缝的局部地方，气孔集聚成窝，多者十多个，少者五六个，直径大小不一，黑度深浅不均，轮廓有的清晰，有的不清晰，通常是因起弧，收弧所致。这种密集气孔自动焊和手工焊都可能发生，但手工焊较多。

链状气孔，是指分布在平行焊缝直线上，像链条式气孔。底片上的阴影形貌与上述气孔相似。这种缺陷产生于自动焊和半自动焊较多。

任务 3.9 射线检测实操训练

射线检测的一般过程包括检测准备→射线透照操作→暗室处理→评片→出具报告。

（1）焊缝表面质量检查检测前，应将在底片上易形成与焊缝内部缺陷影像相混淆的形状缺陷（如咬边）等予以清除；选择 B 级成像质量时，焊缝余高要磨平。

（2）委托单项目。射线检测委托单由焊接检验员填写，主要内容有工件编号、厚度、简图（焊缝位置及数量）、焊缝分段号（透照区段号，俗称检测线）等。核对程序由射线检验员完成。

（3）贴片将胶片暗盒固定在被检焊缝的相应位置上的操作。

（4）对位将射线束对准被检区段的操作。例如，采用垂直透照时，应将射线束中心垂直穿过被检区段的正中心。

（5）拍片严格执行射线检测工艺规程。

（6）暗室处理。

（7）评片。

（8）检验报告。射线照相检验报告由评片人员填写，主要内容应包括产品名称、检验部位、检验方法、透照规范、缺陷名称、评片等级、返修情况和透照日期等。

（9）存档。将一套完整无缺的射线底片（含返修缺陷片）和文字资料（射线照相检验委托单、原始透照检验记录、底片评定记录、射线照相检验报告）存档各查，保存期至少为 7 年。

一张合格底片的要求是：

1）标记齐全。

2）黑度在规定的范围之内。

3）像质指数符合要求。

4）无影响评片的缺陷。

【例 3-1】 已知图 3-32 所示 I 类压力容器，钢板厚度 $\delta = 12$ mm，由两节筒体和两个封头对接焊成。要求按"压力容器安全监察规程"检测。

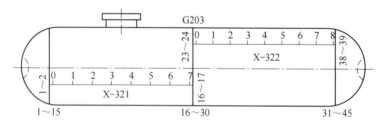

图 3-32 压力容器射线检测

根据产品结构、尺寸和现有检测条件选用 X 射线照相法进行检测。

（1）确定检测部位。

1）规程规定"筒体与封头连接部位必须进行检测"，因此，1～15、31～45 这两条环焊缝应 100%检测，共拍片 30 张。

　　2）规程规定"筒节纵焊缝交叉部位必须进行检测"，因此中间环焊缝 16～17、23～24 二区段必须检测。同时，规程要求 I 类容器的 20%焊缝应用射线检测抽查，中间环焊缝 16～30 共有 15 个区段，应至少检测 3 个区段才满足要求。因此，该焊缝除 16～17、23～24 二区段外，尚需再增加一个检测区段。

　　3）筒体纵焊缝 X-321 上的 0～1、6～7 二区段已占该焊缝长度的 28%；X-322 上的 0～1、7～8 二区段已占该焊缝长度的 25%，均大于 20%的规定要求。

　　上述 2）、3）是将规程规定的 20%落实到每条焊缝上考虑，是正确合理的。

　　（2）每个检测区段长度 $l \approx 220$ mm，因此可选用 270×60 的天津一Ⅱ型胶片，0.03 mm 铅增感屏。

　　（3）选用单壁单影垂直透照方式，设备为 GTY200-20X 射线机，焦距＝600 mm。

　　（4）将像质计和标记带按规定贴在射线源侧的工件表面上。

　　（5）曝光条件为 160 kV、14 mA、1 min。

　　（6）暗室处理为显影（天津配方）7 min、19 ℃；定影 20 min；水洗 30 min；自然干燥。

　　（7）按规定填写透照检验记录。

　　（8）质量评级：规程规定该容器焊缝验收级别为Ⅱ级合格。

　　（9）填写射线检测报告及资料存档。

　　【例 3-2】　RT-Ⅰ/Ⅱ级人员实际操作考试记录表

	试件名称	板材		管材	
试件概况	试件编号				
	试件规格				
	试件材质				
	焊接方法				
	检测时机				
	检测部位				
设备器材	设备型号				
	像质计型号				
	增感屏				
	胶片	牌号：　　规格：		牌号：　　规格：	
技术要求	执行标准				
	照相质量等级				
	检测比例				
	合格级别				
	像质计灵敏度				
几何条件	透照厚度 W/mm				
	射线源至工件距离 L_1/mm				
	工件至胶片距离 L_2/mm				
	一次透照长度 L_3/mm				

续表

工艺参数	管电压/kV		
	管电流/mA		
	曝光时间/min		
	透照厚度比 K		

胶片处理	显影液配方		显影温度/℃		显影时间/min	
	定影液配方		定影温度/℃		定影时间/min	

透照方式示意图

偏心距计算过程和结果：

分数	板材		评卷人：	
	管材			

姓名：　　　　　考号：　　　　　级别：　　　　　考试日期：

RT- Ⅰ/Ⅱ级人员实际操作考试记录示例

姓名：　　　　　考号：　　　　　考试日期：

	试件名称	板材	管材
试件概况	试件编号	R12-1	2 号
	试件规格	300 mm×12 mm	φ51 mm×3.5 mm
	试件材质	Q235B	20 号
	焊接方法	手工焊	氩弧焊
	检测时机	焊后外观检验合格	焊后外观检验合格
	检测部位	纵向对接焊缝	小径管环向对接焊缝
设备器材	设备型号	X 射线探伤机 XXQ2505	X 射线探伤机 XXQ2505
	像质计型号	Fe：10~16 系列	Fe：14
	增感屏	Pb：0.03 mm（前、后）	Pb：0.03 mm（前、后）
	胶片	牌号：天津 T7　规格：360 mm×80 mm	牌号：天津 T7　规格：180 mm×80 mm
技术要求	执行标准	JB 47013.3—2015	NB/T 47013.3—2015
	照相质量等级	AB 级	AB 级
	检测比例	100%	100%
	合格级别	Ⅱ级	Ⅱ级
	像质计灵敏度	Z = 12	Z = 14

续表

几何条件	透照厚度 W/mm	12		7	
	射线源至工件距离 L_1/mm	686		647	
	工件至胶片距离 L_2/mm	14		53	
	一次透照长度 L_3/mm	260		—	
工艺参数	管电压/kV	180		160	
	管电流/mA	5		5	
	曝光时间/min	3		3	
	透照厚度比 K	≤1.03		—	
胶片处理	显影液配方	天津 T7 配方	显影温度/℃	20	显影时间/min	5
	定影液配方	天津 T7 配方	定影温度/℃	20	定影时间/min	10

透照布置	

偏心距计算过程和结果：

$$L_0 = \frac{L_1}{L_2} \times (b + q)$$
$$= \frac{647}{53} \times (10 + 5)$$
$$= 183 \text{ mm}$$

| 分数 | 板材 | | 评卷人： |
| | 管材 | | |

RT-Ⅰ/Ⅱ级人员实际操作考试评分表示例

姓名：　　　　　级别：　　　　　考号：　　　　　总分：

| 评分项目 | 评分内容 | 占分 | | 得分 | | 备注 |
		试件编号	板材	管材		
检测仪器的调试器材选择和准备 25%	试件外观检查	检查，不检查；测厚，不测厚	3			
	仪器调试	做，不做，正确，错误	2			
	焦距/偏心距测量	认真计算测量，不认真	5			
	像质计选用和放置	查最新检测标准选用和放置正确与否	5			
	标记	齐全和位置正确与否	2			
	透照布置	正确与否，操作熟练，一般，差	4			
	散射线屏蔽	做，不做	2			
	安全防护	做，不做	2			

续表

评分项目		评分内容	占分	得分		备注
			试件编号	板材	管材	
检测规范 10%	曝光参数选择	使用曝光曲线正确与否	6			
	操作熟练程度	规范，一般，差	4			
胶片处理 5%	操作熟练程度	规范，一般，差	5			
检测记录 25%	记录内容	记录内容正确、规范（每错 1 项扣 1 分，示意图、计算过程各占 3 分）	23			
	记录书写	书写认真，清楚	2			
底片质量 35%	黑度 D	应符合标准	7			板： 管：
	灵敏度 Z	应符合标准	7			板： 管：
	焊缝位置	适中，偏歪；椭圆开口宽度适当	5			
	标记	齐全完整，位置正确，影像清晰	5			
	伪缺陷	有，无	3			
	底片质量	良，一般，差	8			
超时扣分	透照操作时间	超 5′内扣 2 分，超 10′内扣 5 分 超 15′内扣 10 分，超 15′扣 15 分 （每人限时 40 min）				
	最终得分					
考试时间：　　年　月　日　时　分至　时　分				监考人：		

复习思考题

3-1　X 射线和 γ 射线有哪些相同的性质、哪些不同的性质？

3-2　金属增感屏有哪些作用，哪些金属材料可用作增感屏？

3-3　请叙述射线照相的原理，并说明影响射线照相影像质量的因素有哪些？

3-4　射线照相包括哪些操作步骤？

3-5　焊件中常见缺陷有哪些，分别说明有什么危害？

3-6　射线的防护方法主要有哪些？

3-7　24 mm 和 26 mm 两块钢板对接焊接（图 3-33），在底片上发现缺陷，按 JB 47013.3—2015 该张底片评为几级？

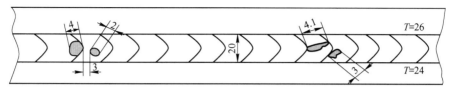

图 3-33 射线照片（一）

3-8 板厚 5 mm 的对接焊缝的底片上，发现两处缺陷都在 10 mm×10 mm 的范围内，甲处为 3 个 1 mm 夹钨，乙处为 2 个 1 mm 点渣和 11 个 0.5 mm 的点渣，按 JB 47013.3—2015 本底片如何评级？

3-9 如图 3-34 所示，底片长 100 mm，按 NB/T 47013.3—2015 本底片如何评级？

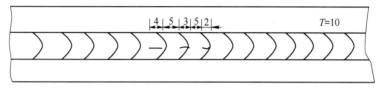

图 3-34 射线照片（二）

3-10 如图 3-35 所示，底片长 300 mm，按 NB/T 47013.3—2015 本底片如何评级？

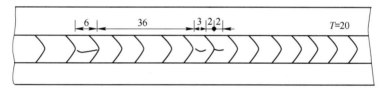

图 3-35 射线照片（三）

3-11 底片长 150 mm，焊缝系数 0.7 的单面焊，有未焊透、点渣如图 3-36 所示，按 NB/T 47013.3—2015 底片如何评级？

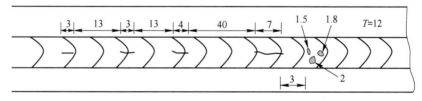

图 3-36 射线照片（四）

3-12 底片长 360 mm，条渣、气孔如图 3-37 所示，按 NB/T 47013.3—2015 评定底片级别。

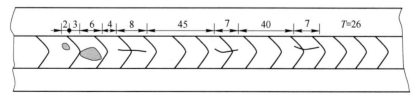

图 3-37 射线照片（五）

项目 4　磁粉检测

磁粉检测的原理及操作过程

磁粉检测器材

【教学目标】

1. 掌握磁粉检测基本原理、特点、磁粉检测设备及器材、磁粉检测的方法与应用；

2. 会使用磁粉检测系统进行检测操作；

3. 能够具备对检测出现的现象进行分析和判别能力，具备安全检测意识、规范意识和精益求精的工匠精神。

【说说身边那些事】

长三角最大铁路货车"医院"：妙用荧光为列车"体检"

在位于杭州的乔司检修车间轮轴检修区，轮轴探伤工吴某按下"上料"按键，泛着黄绿光的荧光磁悬液随即从探伤机喷管里倾泻而出，均匀洒落在轮轴表面。经过除锈清洗的火车轮轴锃亮如新，从北到南依次排列在四条股道上。

吴某所在的中国铁路上海局集团有限公司杭州北车辆段是长三角地区最大的铁路货车"医院"，负责定期检修铁路货车。其中，对火车车轴进行探伤作业是工作的重要一环。

如果说车轮好比火车的两条腿，那么轮轴探伤工就是给火车双腿看病的"医生"，而"荧光"就是他们探病问诊的重要工具。

"为货车轮轴做检查的荧光磁粉探伤机好比是医院里的'X光机'，在对轮轴喷淋荧光磁悬液，通电磁化后，可以判断轮轴表面状态。""倘若轮轴产生裂纹、缺陷，在紫外灯的探照下会形成目视可见的磁痕，探伤员的职责就是及时找出这些'伤口'，排除隐患，杜绝车轮'带病'上路。"

随着磁粉探伤机前后遮光门帘落下，探伤间内瞬间变成了暗室，目之所及荧光闪烁，紫光灯下的黄绿色车轴清晰可见。吴某戴上紫外线护目镜，俯身弯腰凑近车轴端部，左手握住粉笔在轴颈上涂打起始标记，右手同步按下车轴转动按钮，静静地观察车轴上的磁化状态。

"牢记磁痕细对比，勤换视角看仔细，苦练手感摸凹凸，打磨修复防误判……"为提高发现故障的水平，班组总结提炼了磁粉探伤的作业口诀，几道步骤自始至终贯穿在吴某的作业过程中。

"车轴作为承载列车的关键部件，在运行过程中承受着多重复杂应力的作用，哪怕是0.1 mm的裂纹也容易酿成断轴事故，因此我们不能放过任何一条蛛丝马迹。"吴某说，"而且车轴磁痕通常细如发丝，往往隐藏在最让人忽视的地方，需要手、脑、眼全面调动起来。"

随着各行各业加快复工的脚步，全力冲刺新春"开门红"，为保障物流通道的畅通，铁路部门开足马力，加快列车周转效率，强化货车检修力度。近段时间以来，吴某在"小黑屋"里常常一待就是3 h，弯腰下蹲检查上百次，给体力和眼力带来双重考验。

在吴某和班组的共同努力下，自农历正月初七到二月初，杭州北车辆段已累计检查

1604 条轮轴，实现轮轴"零故障"交验，确保往来货物平安抵达千家万户。

近年来，随着铁路技术装备、铸造工艺的不断提升，故障率也在逐步降低。"故障虽然少了，但始终不能疏忽大意，把好每条轮轴的质量关，是责任更是良心。"

（摘自中国新闻网，https：//baijiahao. baidu. com/s？id=
1756813175944604154&wfr=spider&for=pc）

任务 4.1 磁粉检测基础知识

4.1.1 磁粉检测发展历史

磁粉检测是利用磁现象来检测工件中缺陷的方法，17 世纪以来一大批物理学家对磁力电流周围存在的磁场、电磁感应规律以及材料的铁磁性进行了系统的研究。18 世纪，开始磁通检漏试验。1868 年，英国工程杂志发表利用罗盘仪探查磁通以检测枪管上的不连续性报告；1874 年，Hering 利用罗盘仪检测钢轨的不连续性技术获得美国专利。1922 年，美国人 Hoke 发现，由磁性夹具夹持的硬钢块上磨削下来的金属粉末，会在钢块表面的裂纹区形成一定的花样；1928 年，美国人 Forest 为解决油井钻杆断裂的问题，研制出了周向磁化，使用了尺和形状受控并具有磁性的磁粉，获得了可靠的检测结果；1930 年，干磁粉成功应用于焊缝及各种工件的探伤；1934 年，生产磁粉检测设备和材料的美国磁通公司（Magnaflux）创立，用来演示磁粉检测技术的试验性的固定式磁粉检测设备问世；1938 年，德国发表了《无损检测论文集》，对磁粉检测的基本原理和装置进行了描述；1940 年 2 月，美国编写了《磁通检验原理》教科书；1941 年，荧光磁粉投入使用。磁粉检测从理论到实践，初步形成一种无损检测的方法。

苏联航空材料研究院的学者瑞加德罗毕生致力于磁粉检测的试验、研究和发展工作，为磁粉检测的发展做出了卓越的贡献。20 世纪 50 年代初期，他系统地研究了各种因素对检测灵敏度的影响，在大量试验的基础上，制定出磁化规范，被世界很多国家认可并采用。我国各工业部门的磁粉检测一般也以此为依据。

磁粉检测方法的应用比较广泛，主要用于探测磁性材料表面或近表面的缺陷，多用于检测焊缝、铸件或锻件，如阀门、泵、压缩机部件、法兰和喷嘴等。

磁粉检测是利用工件缺陷处的漏磁场与磁粉的相互作用来工作的。

在工业中，磁粉检测可用来作最后的成品检验，以保证工件在经过各道加工工序（如焊接、金属热处理、磨削）后，在表面上不产生有害的缺陷。

磁粉检测也能用于半成品和原材料，例如棒材、钢坯、锻件、铸件等的检验，以发现原来就存在的表面缺陷。

磁粉检测对于钢铁材料或工件表面裂纹等缺陷的检验非常有效；设备和操作均较简单；检验速度快，便于在现场对大型设备和工件进行探伤；检验费用也较低。

不过缺点也是显而易见的，这种方法仅适用于铁磁性材料；仅能显出缺陷的长度和形状，而难以确定其深度；对剩磁有影响的一些工件，经磁粉检测后还需要退磁和清洗；不能检测导磁性差的材料（如奥氏体钢）以及不能发现铸件内部较深的缺陷；铸件、钢铁材料被检表面要求光滑，需要打磨后才能进行检测。

4.1.2　磁现象和磁场

4.1.2.1　磁的基本现象

磁铁能够吸引铁磁性材料的特性称为磁性，凡能够吸引其他铁磁性材料的物体称为磁体，磁体是能够建立或有能力建立外磁场的物体。磁体分为永磁体、电磁体和超导磁体等，永磁体是不需要外力维持其磁场的磁体，电磁体是需要电源维持其磁场的磁体，超导磁体是用超导材料制成的磁体。磁铁各部分的磁性强弱不同，靠近磁铁两端磁性特别强、吸附磁粉特别多的区域称为磁极。磁极间相互排斥或吸引的力称为磁力。使原来没有磁性的物体得到磁性的过程称为磁化。

4.1.2.2　磁场

磁体间的相互作用是通过磁场来实现的。磁场是指具有磁力作用的空间。磁铁或通电导体的内部和周围存在着磁场。

4.1.2.3　磁力线

磁力线也称为磁感应线，是用于形象地描绘磁场的大小、方向和分布情况的曲线。磁力线每点的切线方向定义为该点的磁场方向。磁力线的疏密程度反映磁场的大小，磁场大小与单位面积磁力线数目成正比。故磁力线密集的地方磁场大，磁力线疏的地方磁场小。

磁力线具有以下特性：

(1) 磁力线是具有方向性的闭合曲线。

(2) 磁力线互不相交，且同向磁力线相互排斥。

(3) 磁力线可描述磁场的大小和方向。

(4) 磁力线总是沿着磁阻最小的路径通过。

4.1.3　磁场强度

表征磁场方向和大小的量称为磁场强度，常用符号 H 表示，磁场强度的方向由载电流的小线圈在磁场中取稳定平衡位置时线圈法线的方向确定，磁场强度的大小则由线圈法线垂直于磁场强度方向的位置时作用于线圈上的力偶矩来决定，磁场强度的法定计量单位为安 [培] 每米 (A/m)，1 A/m 等于与一根通以 1 A 电流的长导线相距 $1/(2\pi)$ m 的位置处产生的磁场强度的大小。

4.1.4　磁感应强度

将原来不具有磁性的铁磁性材料放入外加磁场中，便得到了磁化，它除了外加磁场外，在磁化状态下铁磁性材料自身还产生一个感应磁场，这两个磁场叠加起来的总磁场，称为磁感应强度，用符号 B 表示。磁感应强度的法定计量单位为特斯拉 (T)，1 T 相当于每平方米面积上通过 10^8 条磁感应线的磁感应强度。

4.1.5　磁导率

磁导率又称为导磁系数，它表示材料被磁化的难易程度，用符号 μ 表示，单位为亨利每米 (H/m)。磁导率是物质磁化时磁感应强度与磁场强度的比值，反映物质被磁化的能力。磁场强度 H、磁感应强度 B 和磁导率之间的关系可表示为 $\mu = B/H$，又被称为绝对磁导率。一般在真空中磁导率为一不变的常数，用 μ_0 表示，$\mu_0 = 4\pi \times 10^{-7}$ H/m。为了比较各种材料的导磁能力，常将任一种材料的绝对磁导率和真空磁导率的比值用作该材料的相对磁导率，用 μ_r 表示，$\mu_r = \mu/\mu_0$，μ_r 为一个量纲为一的数。

4.1.6 磁性材料的分类

磁场对所有材料都有不同程度的影响，当材料处于外加磁场中时，可依据相应的磁特性的变化，将材料分为 3 类。

（1）抗磁材料。置于外加磁场中时，抗磁材料呈现非常微弱的磁性，其附加磁场与外磁场方向相反。铜、铋、锌等属此类（$\mu<1$）材料。

（2）顺磁材料。置于外加磁场中时，顺磁材料也呈现微弱的磁性，但附加磁场与外磁场方向相同。铝、铂、铬等属此类（$\mu>1$）材料。

（3）铁磁性材料。置于外加磁场中时，铁磁性材料能产生很强的与外磁场方向相同的附加磁场。铁、钴、镍和它们的许多合金属于此类（$\mu>1$）材料。

4.1.7 磁化过程

在铁磁性材料中，相邻原子中的电子间存在着非常强的交换耦合作用，这个相互作用促使相邻原子中电子磁矩平行排列，形成一个自发磁化达到饱和状态的微小区域，这些自发磁化的微小区域，称为磁畴。

铁磁性材料的磁化过程如图 4-1 所示。

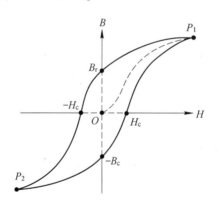

图 4-1 铁磁性材料的磁化过程

一块未被磁化的铁磁性材料放入外磁场中时，随着外磁场强度 H 的增大，材料中的磁感应强度（B）开始时增加是很快的，如图 4-1 中曲线 OP_1 所示，而后增加较慢直至达到饱和点 P_1。当磁场强度逐步回到零时，材料中的磁感应强度（B）不为零，而是保持为 B_r 值，这时的磁感应强度称为剩余磁感应强度（剩磁）。要使材料中的磁感应强度减小到零，必须施加反向磁场。使 B 减小到零所需施加的反向磁场强度的大小 H_c 称为矫顽力。如果反向磁场强度继续增大，B 可再次达到饱和值点 P_2，当 H 从负值回到零时，材料具有反方向的剩磁，磁场强度经过零点沿正方向增加时，曲线经过一个循环回到 P_1 点，完成的闭合曲线称为材料的磁滞回线。如果磁滞回线是细长的，通常说明该材料是低矫顽力（低剩磁）的，易于磁化；而宽的磁滞回线表明该材料具有高的矫顽力，较难磁化。

4.1.8　电流的磁场

4.1.8.1　电流产生的磁场

电流通过的导体内部及其周围都存在着磁场，这些电流产生的磁场同样可以对磁铁产生作用力，这种现象称为电流的磁效应，如图 4-2 所示。磁场的方向与电流的方向之间存在着一定的关系，即满足右手螺旋法则。

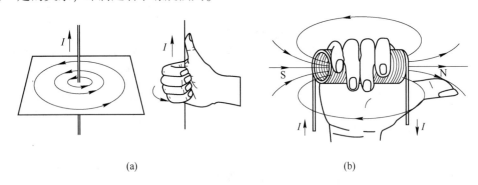

(a)　　　　　　　　　　　　　　　　(b)

图 4-2　电流产生的磁场

（a）通电直导线产生的磁场；（b）通电螺线管产生的磁场

4.1.8.2　通电圆柱导体的磁场

如果在一根长圆柱导体中通入电流，导体内部和周围空间将产生磁场，磁力线绕导体轴线形成同心圆。设圆柱导体半径为 R，均匀通入电流 I。P 为导体内任一点，距中心轴线为 r；P' 为导体外任一点，距离中心轴线为 r'。根据安培环路定理可知，导体外任一点 P' 处的磁场强度为

$$H = \frac{I}{2\pi r} \tag{4-1}$$

导体内任一点 P 处的磁场强度为

$$H = \frac{Ir}{2\pi R^2} \tag{4-2}$$

直圆柱导体内、外及表面的磁场强度分布，如图 4-3 所示。

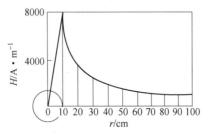

图 4-3　直圆柱导体内、外及表面的磁场强度分布

4.1.8.3　通电线圈的磁场

把一根长导线紧密而均匀地绕成一个螺旋形的圆柱线圈，这种线圈称为螺线管，又称为螺管线圈（图 4-4）。通电螺管线圈中存在磁场，磁场的方向除了线圈的两端附近外，都与线圈轴线方向平行，并与磁化电流的方向有关。

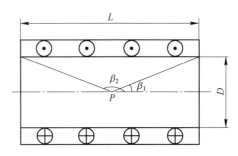

图 4-4　通电螺管线圈磁场

通电螺管线圈中心轴线上一点 P 的磁场强度可以用公式计算，即

$$H = \frac{NI}{2L}(\cos\beta_1 - \cos\beta_2) \tag{4-3}$$

式中　H——螺管线圈中心轴线上 P 点的磁场强度；
　　　N——螺管线图总匝数；
　　　L——螺管线圈总长度；
　　　I——通过线圈的电流；
　　　β_1——P 点轴线与线圈一端的夹角；
　　　β_2——P 点轴线与线圈另一端的夹角。

线圈匝数与电流的乘积 NI 称为线圈的磁通势，简称磁势，单位为安匝。在螺管线圈轴线中心，其磁场强度为

$$H = \frac{NI}{L}\cos\beta = \frac{NI}{\sqrt{L^2 + D^2}} \tag{4-4}$$

式中　β——螺管线圈对角线与轴线间的夹角；
　　　D——螺管线圈的直径。

可见，螺管线圈中的磁场不是均匀的：在轴线上，其中心最强，越向外越弱。当螺管线圈细而长时，可以认为 $\cos\beta = 1$，则

$$H = \frac{NI}{L} \tag{4-5}$$

此时长螺线管内部的磁场强度为较均匀的平行于轴线的磁场。在实际检测中应用较多的是短螺线管，此时线圈长度一般小于线圈直径，其磁场特点是沿线圈轴向磁场很不均匀，线圈中心磁场最大，并迅速向线圈两端发散。在线圈横截面上磁场分布也是不均匀的，在靠近线圈壁处的磁场较大，而在断面中心磁场强度最小。

如图 4-5（a）所示，在有限长螺管线圈内部的中心轴线上，磁场分布较均匀，线圈两端处的磁场强度为内部的 1/2 左右；如图 4-5（b）所示，在线圈横截面上，靠近线圈内中心的磁场强度较线圈中心强。

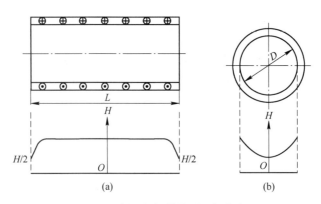

图 4-5　有限长螺管线圈磁场分布

（a）内部中心轴线上磁场分布；（b）横截面磁场分布

任务 4.2　漏磁场

4.2.1　磁感应线的折射

在磁路中，磁感应线通过同一磁介质时，它的大小和方向是不变的。但从一种介质通向另一种磁介质时，如果两种磁介质的磁导率不同，那么这两种磁介质中磁感应强度将发生变化，即磁感应线将在两种介质的分界面处发生突变，形成折射，这种折射现象与光或声波的传播规律相似，并遵从折射定律

$$\frac{\tan\alpha_1}{\mu_1} = \frac{\tan\alpha_2}{\mu_2} \tag{4-6}$$

式中　α_1——磁感应线从第一种介质到第二种介质时在界面处与法线的夹角；

α_2——砸感应线在第二种介质中在界面处与法线的夹角；

μ_1——第一种介质的磁导率；

μ_2——第二种介质的磁导率。

折射定律表明，在两种磁介质的分界面处磁场将发生改变，磁感应线不再沿着原来的路径行进而发生折射。折射角与两种介质的磁导率有关：当磁感应线由磁导率较大的介质进入磁导率较小的介质时，磁感应线将折向法线，而且变得稀疏；反之，当磁感应线由磁导率较小的介质进入磁导率较大的介质时，磁感应线将折离法线，而且变得密集。

4.2.2　漏磁场

在磁性材料不连续处或磁路的截面变化处形成磁极，磁感应线溢出磁性材料表面所形成的磁场，称为漏磁场。磁通量从一种介质进入另一种介质时，因其磁导率不同，磁感应线将发生折射，磁力线方向在界面处发生改变。可见，漏磁场是由于介质磁导率的变化而使磁通漏到缺陷附近的空气中所形成的磁场。若工件表面或近表面处存在缺陷，经磁化后，缺陷处空气的磁导率（$\mu_r = 1$）远远低于铁磁材料的磁导率（钢的 $\mu_r = 3000$），在界面上磁力线的方向将发生改变，这样，便有一部分磁通散布在缺陷周围（图 4-6）。这种由于介质磁导率的变化而使磁通泄漏到缺陷附近的空气中所形成的磁场，称为漏磁场。

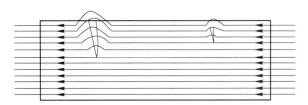

图4-6 零件表面的漏磁场

影响漏磁场的因素主要有以下几个方面。

4.2.2.1 外加磁场的影响

一般来说，缺陷漏磁场强度随着工件磁感应强度的增加而线性增加，当外加磁场使材料的磁感应强度达到饱和值的80%左右时，漏磁场强度会急剧上升，如图4-7所示。这可以为正确选择磁化规范提供理论指导。

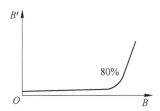

图4-7 外加磁感应强度 B 与漏磁场 B' 的关系

外加磁感应强度 B 增加，漏磁场 B' 增加。

4.2.2.2 工件材料及状态

工件材料及状态主要包括材料的碳含量、合金化、冷加工及热处理状态等方面。

（1）随着合金碳含量的增加，碳钢矫顽力增大，最大相对磁导率减小，漏磁场增大。

（2）合金化增大钢材的矫顽力，使其磁性硬化，漏磁场增大。

（3）退火和正火态钢材磁特性差别不大，而淬火后的钢材矫顽力变大，漏磁场增大。

（4）晶粒越大，钢材的磁导率越大，矫顽力越小，漏磁场越小。

（5）钢材的矫顽力和剩磁将随压缩变形率的增大而增加，漏磁场也增大。

4.2.2.3 缺陷位置、方向和形状的影响

同样的缺陷，位于表面时漏磁场最强；若位于距表面很深的地方，则几乎没有漏磁场泄漏于空间。缺陷的深宽比越大，漏磁场越强。当缺陷垂直于工件表面，磁力线与缺陷平面接近垂直时，漏磁场最强。缺陷平面与工件表面平行时，几乎不产生漏磁通。缺陷平面与磁力线夹角小于20°时，很难被检出。即随埋藏深度增加，B' 减少；宽深比增加，B' 增加；垂直于工件表面，B' 增加，平行于工件表面，B' 减少，如图4-8所示。

缺陷在垂直磁力线方向上的尺寸越大，阻挡磁力线越多，越容易形成漏磁场且强度越大。缺陷的形状为圆形时（如气孔等），漏磁场强度较小；当缺陷为线形时，可以形成较大的漏磁场。

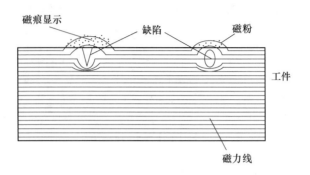

图 4-8　缺陷形状对漏磁场的影响

4.2.2.4　被检材料表面的覆盖层

如图 4-9 所示，材料表面有覆盖层时（如涂料等），缺陷漏磁场强度将减小。

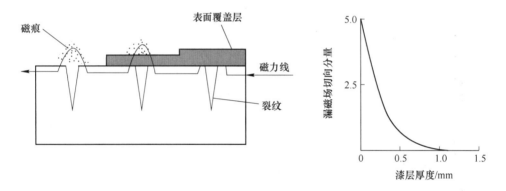

图 4-9　工件表面覆盖层对磁痕的影响

4.2.2.5　缺陷磁导率的影响

如材料缺陷内部含有铁磁性材料（如 Ni、Fe）的成分，即使缺陷在理想的方向和位置上，也会在磁场的作用下被磁化，使缺陷形不成漏磁场。缺陷的磁导率与材料的磁导率对漏磁场的影响正好相反，即缺陷的磁导率越高，产生的漏磁场强度越低。

任务 4.3　磁粉检测原理及特点

4.3.1　磁粉检测的原理

磁粉检测是通过对铁磁性材料进行磁化所产生的漏磁场来发现其表面或近表面缺陷的无损检测方法。

铁磁性材料的工件被磁化后，在其表面和近表面的缺陷处磁力线发生变形，逸出工件表面形成漏磁场，将微细的铁磁性粉末（磁粉）或磁悬液施加在此表面上，漏磁场吸附磁粉形成磁痕，在适合的光照条件下，显示出缺陷的存在及形状，这就是磁粉检测的原理，如图 4-10 所示。

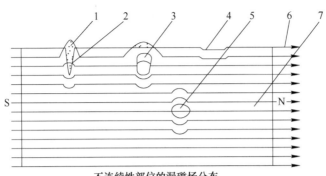

不连续性部位的漏磁场分布

图 4-10　磁粉检测的原理
1—漏磁场；2—裂纹；3—近表面气孔；4—划伤；
5—内部气孔；6—磁力线；7—工件

　　铁磁性材料被磁化后，由于工件存在不连续性，则工件表面和近表面的磁力线会发生局部畸变而产生漏磁场，吸附施加在表面的磁粉，在适合的光照条件下，形成可见的磁痕，从而显示不连续性的大小、位置、形状和严重程度。

　　铁磁性材料进行磁粉检测主要包含 3 个步骤：

　　（1）被检验的工件必须得到磁化。

　　（2）必须在磁化的工件上施加合适的磁粉。

　　（3）对任何磁粉的堆积必须加以观察和解释。

4.3.2　磁粉检测的特点

4.3.2.1　磁粉检测的优点

　　（1）对于铁磁材料，其表面和近表面的开口和不开口的缺陷都可以检测出来，能直观显示缺陷的形状、位置、大小和严重程度，并可大致确定缺陷性质。

　　（2）具有高的灵敏度，可检出的缺陷最小宽度约为 1 μm。

　　（3）综合使用多种磁化方法，则工件各个方向的缺陷都可以检测出来，几乎不受试件大小和几何形状的影响。

　　（4）单个工件检测速度快，工艺简单，成本低，污染小，检测结果重复性好。

4.3.2.2　磁粉检测的局限性

　　（1）只能用于检测铁磁性材料的表面和近表面缺陷，可探测的深度一般为 1~2 mm。

　　（2）磁化场的方向应与缺陷的主平面相交，夹角应为 45°~90°，有时还需从不同方向进行多向磁化。

　　（3）不能确定缺陷的埋深和自身高度，宽而浅的缺陷难以检出。

　　（4）检测后常需退磁和清洗。

　　（5）试件表面不得有油脂或其他能黏附磁粉的物质。

　　（6）单一磁化方法检测受工件几何形状（如键槽）影响，会产生非相关显示；通电法和触头法磁化时，易产生打火烧伤。

任务 4.4　磁粉检测的方法和应用范围

4.4.1　磁粉检测的方法

磁粉检测根据磁化试件的方法可分为永久磁铁法、直流电法和交流电法等，根据磁粉的施加可分为干粉法和湿粉法；而根据试件在磁化的同时即施加磁粉并进行检测还是在磁化源切断后利用剩磁进行检测，又可分为连续法和剩磁法。

磁粉是磁粉检测的显示介质，由铁磁性金属微粒组成。磁粉具有一定的大小、形状和较高的磁导率，其磁性、粒度、颜色和悬浮性等因素对工件表面磁粉痕迹的显示影响很大。

磁粉按磁痕观察方式分为荧光磁粉和非荧光磁粉；按施加方式分为干法用磁粉和湿法用磁粉。

用干磁粉进行检测的方法称为干法。湿磁粉是指磁粉按规定浓度悬浮在载液（油或水）中，通过流淌、喷雾或浇注的方法施加到被检工件表面（称为湿法）。湿法比干法具有更高的检测灵敏度，特别适用于探测表面微小缺陷，常用于大批量工件的检测，应用比较广泛。荧光磁粉是指在黑光下观察磁痕显示所使用的磁粉。它是以磁性氧化铁粉、工业纯铁粉等为核心，外面黏合一层荧光染料树脂制成的，多用于湿法检测。

非荧光磁粉是指一种在可见光下进行磁痕观察的磁粉。它有黑色、红色、褐色、灰色、蓝色和白色等，主要成分是用物理或化学方法制成的 Fe_3O_4 或 Fe_2O_3 粉末，有湿法和干法之分。

4.4.1.1　干法

用干燥磁粉（粒度 10~60 μm）进行磁粉检测。利用手筛、喷雾器或喷枪等将干燥的磁粉均匀地撒在磁化工件上，然后轻轻震动工件或微微吹动工件上的磁粉，去掉多余磁粉，磁粉在缺陷处聚集。手筛是针对检验工件的水平表面；喷雾器或喷枪是针对工件垂直或倾斜表面。

干法用的磁粉要注意经常保持干燥及纯净，刮风、下雨时不易在室外进行，广泛用于大型铸锻件毛坯及大型结构件焊缝的局部探伤。干法通常结合直流电进行检测。

4.4.1.2　湿法

磁粉（粒度 1~10 μm）悬浮在油、水或其他载体中进行磁粉检测。

灵敏度高，特别适合检测疲劳裂纹等细微缺陷。

喷洒磁粉或磁悬液采用干法检验时，应使干磁粉喷成雾状；湿法检验时，磁悬液需经过充分的搅拌，然后进行喷洒。

4.4.1.3　连续法

在有外加磁场作用的同时向被检表面施加磁粉或磁悬液的检测方法称为连续法。

低碳钢及所有退火状态或经过热变形的钢材均应采用连续法，一些结构复杂的大型构件也宜采用连续法。操作程序如图 4-11 所示。

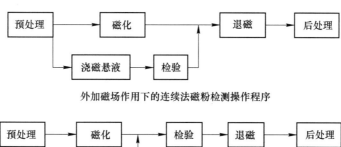

外加磁场作用下的连续法磁粉检测操作程序

外加磁场中断后的连续法磁粉检测操作程序

图 4-11 磁粉检测操作程序

这种方法灵敏度高，效率低，主要用于低碳钢或软钢。

A 湿法连续磁化

在磁化的同时施加磁悬液，每次磁化的通电时间为 0.5~2 s，磁化间歇时间不超过 1 s，至少在停止施加磁悬液 1 s 后才可停止磁化。

B 干粉连续磁化

先磁化后喷粉，待吹去多余的磁粉后才可以停止磁化。

连续法灵敏度高，但效率低，易出现干扰显示。

复合磁化法只能在连续法检测中使用。

4.4.1.4 剩磁法

利用磁化后被检工件上的剩磁进行磁粉检测。

工件磁化停止，立即取消外加磁场，在浇注或将工件浸入磁悬液中停几秒后取出观察，利用剩磁，适用于高碳钢或经热处理的结构钢。

在经过热处理的高碳钢或合金钢中，凡剩余磁感应强度在 0.8 T 以上，矫顽力在 800 A/m 以上的材料均可用剩磁法检测。剩磁法检测速度快，但磁化规范要求高，易出现干扰信号，不适用于干粉法。

检测程序：预处理→磁化→施加磁悬液→观察→退磁→后处理。

剩磁的大小主要取决于磁化电流的峰值，而通电时间原则上控制在 0.25~1 s。

剩磁法检测一般不使用干粉。

磁粉检测包括磁粉法、磁敏探头法和录磁法。

4.4.2 磁粉检测的适用范围

磁粉检测适用范围：

（1）未加工的原材料、半成品、成品及在役与使用过的工件都可用磁粉检测技术。

（2）管材、棒材、板材、型材和锻钢件、铸钢件及焊接件。

（3）检测工件表面和近表面尺寸很小，间隙极窄的铁磁性材料，如可检测出长 0.1 mm、宽为微米级的裂纹和目测难以发现的缺陷。

（4）可用于马氏体不锈钢和沉淀硬化不锈钢，不适用于奥氏体不锈钢和用奥氏体不锈钢焊条焊接的焊缝；也不适用于检测铜、镁、钛合金等非磁性材料。

（5）可用于检测表面和近表面的裂纹、白点、发纹、折叠、疏松、冷隔、气孔和夹杂，但不适于检测工件表面浅而宽的划伤、针孔状缺陷、埋藏较深的内部缺陷和延伸方向与磁力线方向夹角小于20°的缺陷。

任务4.5 磁粉检测设备及器材

4.5.1 磁粉探伤机表示代码

磁粉探伤机一般按代码命名为C××-×，见表4-1。

第一部分字母C，代表磁粉探伤机；第二部分字母，代表磁粉探伤机的磁化方式；第三部分字母，代表磁粉探伤机的结构形式；第四部分数字，代表磁粉探伤机的最大磁化电流。

表 4-1 磁粉探伤机命名的参数

第一部分字母	第二部分字母	第三部分字母	第四部分数字	代表含义
C				磁粉探伤机
	J			交流
	D			多功能
	E			交直流
	Z			直流
	X			旋转磁场
	B			半波脉冲直流
	Q			全波脉冲直流
		X		携带式
		D		移动式
		W		固定式
		E		磁轭式
		G		荧光磁粉探伤
		Q		超低频退磁
			1000	磁化电流1000 A

4.5.2 磁粉检测设备的种类

如图4-12所示，按设备质量和可移动性不同，磁粉探伤设备分为固定式、移动式和便携式3种；按设备的组合方式不同，磁粉探伤设备分为一体型和分立型两种。

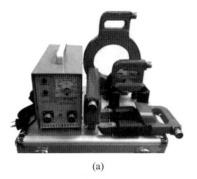

(a)　　　　　　　　　　　　　　　　　　　(b)

图 4-12　磁粉探伤机

（a）便携式磁粉探伤机；（b）固定式磁粉探伤机

　　磁粉检测设备由磁粉探伤机、测磁仪器及质量控制仪器等组成。主要设备是磁粉探伤机，其分类及特点见表 4-2。磁粉探伤机的选择应根据工作环境、试件的大小及工件表面缺陷的深浅程度、分布方向等因素来确定。同时还应考虑到，直流电磁化设备所产生的磁化强度具有发现较深缺陷的能力，而交流磁粉探伤机对发现表面缺陷比较灵敏。

表 4-2　磁粉探伤机的分类及特点

分类	结构特点	应用对象	检测方法
固定式	尺寸大，质量大，安装在固定场合	中小型工件；需要较大磁化电流的可移动工件	湿法检测，交、直流电
移动式	置于小车上，便于移动	小型工件；不易搬动的大型工件	干、湿法检测，交、直流电
便携式	体积小，质量轻，易于搬动	适于高空、野外等现场的磁粉检测及锅炉、压力容器焊缝的局部检测	干、湿法检测，交、直流电
磁轭式旋转磁场探伤机	由电源及磁头两部分组成，体积小，质量轻	同便携式磁粉探伤机；缺陷分布为任意方向的工作	干、湿法检测，交流电

　　固定式探伤机的体积和自重大，额定周向磁化电流范围一般为 1000～10000 A，能进行通电法、中心导体法、感应电流法、线圈法、磁扼法整体磁化或复合磁化等，带有照明装置、退磁装置和磁悬液搅拌、喷洒装置，有夹持工件的磁化夹头和放置工件的工作台及格栅，适用于对中小工件的探伤，效率高，可以对工件退磁。还常备有触头和电缆，以便对搬上工作台有困难的大型工件进行探伤。

　　移动式磁粉探伤仪额定周向磁化电流范围一般为 500～8000 A，主体是磁化电源，可提供交流和单相半波整流电的磁化电源，配件一般包括触头、夹钳、开合和闭合式磁化线圈及软电缆等，能进行触头法、夹钳通电法和线圈法磁化。这类设备一般装有滚轮可推动。或拼装在车上拉到检测现场，可以检测现场大型工件，检测效率高。

　　便携式磁粉探伤仪具有体积小、自重轻和携带方便的特点，便携式磁轭具有非电接触，额定周向磁化电流范围一般为 500～2000 A，安全轻便，灵敏度高，可以检测带漆层的工件，缺点是只能检测焊缝等形状简单的工件，且磁化面积小，效率低。适用于现场、高空和野外探伤，一般用于检测锅炉压力容器和压力管道焊缝，以及对飞机、火车、轮船的原位探伤或对大型工件的局部探伤。常见的仪器有带触头的小型磁粉探伤仪、电磁轭、交叉磁矩或永久磁铁等，仪器手柄上装有微型电流开关，可控制通断电和自动衰退器。

磁粉探伤机的选择应根据工作环境、试件的大小及工件表面缺陷的深浅程度、分布方向等因素来确定。同时还应考虑到，直流电磁化设备所产生的磁化强度具有发现较深缺陷的能力，而交流磁粉探伤机对发现表面缺陷比较灵敏。

4.5.3　磁粉和磁悬液

4.5.3.1　磁粉

磁粉常按将其带往试件所用的介质分类，介质可以是空气（干粉法），也可以是液体（湿粉法）。此外，根据其是否有荧光性又可分为非荧光磁粉和荧光磁粉。

非荧光磁粉是在白光下能观察到磁痕的磁粉。通常湿粉法采用的是黑色的四氧化三铁（Fe_3O_4）和红褐色的 γ-三氧化二铁（γ-Fe_2O_3），这两种磁粉既适用于干粉法，也适用于湿粉法。干粉法也可采用银灰色的铁粉。此外，直径为 $10 \sim 130~\mu m$ 的空心球粉是铁、铬、铝的复合氧化物，可在 400 ℃ 以下的温度范围内用于干粉法。

荧光磁粉是以磁性氧化铁粉、工业纯铁粉或碳基铁粉等为核心，外面包覆一层荧光染料制成的，可提高磁痕的可见度和对比度。

磁粉的特性包括磁性、尺寸、形状、密度、流动性、可见度和对比度，应注意它们之间的相互关系，如缺陷是处于试件的表面还是表面下，需要发现缺陷的尺寸，可采用的磁化方法及用什么方法施加磁粉更为容易等。

（1）磁性。材料的磁性（磁导率、顽磁性和矫顽力）通常以饱和值来表征，但在评定作为磁粉的参数值时，饱和值没有什么价值，在磁粉检测中磁粉是达不到磁饱和的，起始的磁响应更为重要。磁粉应有较高的磁导率，以利于被漏磁场磁化和吸收以形成磁痕，不过单独一项磁导率和灵敏度之间并不能建立简单的相互关系。磁粉还应该具有低的剩磁和矫顽力以利于磁粉的分散和移动不致形成不良的基底，但完全没有剩磁和矫顽力会妨碍磁粉的纵向磁化，而这对确保缺陷图像的形成是很重要的。

（2）尺寸。对于干粉法，当磁粉在试件表面移动时，太粗大的粉粒不易被弱的漏磁场所吸收和保持，而细粉可以。应注意：灵敏度是随粉粒尺寸的减小而提高的，但若粉粒过细则不论有无漏磁场，都会被吸附在试件整个表面上形成不良基底，粗糙的表面更是如此。干粉法所用的干磁粉以粒度为 $5 \sim 150~\mu m$ 的均匀混合物为宜，此时较细的颗粒有助于磁粉的移动，而较粗的磁粉则对宽大的缺陷有良好的灵敏度，同时使细磁粉块松散。对于湿粉法，由于磁粉悬浮在液体中，较干粉法可采用细得多的磁粉，一般为 $1 \sim 10~\mu m$，当悬浮液施加在试件表面上时，液体的缓慢流去使磁粉有足够的移动时间被漏磁场吸附形成磁痕，过细的磁粉则往往会在液体里结成团而不呈悬浮状。对于荧光磁粉，因荧光染料与磁粉相黏结，粒度一般在 $5 \sim 25~\mu m$ 范围内，平均为 $8 \sim 10~\mu m$，孤立地看意味着潜在灵敏度低，但可见度和对比度的提高可使灵敏度显著提高，粒度较大的特殊荧光磁粉只在检测较大缺陷时方可采用。

（3）形状。一般来说，较之球形磁粉，细长形磁粉易于极化，显示有较强的极性，易于沿磁力线形成磁粉串，这对显示宽度比磁粉粒度大的缺陷和完全处于表面下的缺陷是有利的。但如果磁粉完全由细长形颗粒组成，则会因易于严重结块、流动性不好、难以均匀散布而影响灵敏度，理想的磁粉应由足够的球形粉与高比例的细长磁粉组成。虽然荧光磁粉的分辨力高，且颗粒一般较大，因而形状因素不那么重要，但含高比例的细长形磁粉对纵向磁化还是有利的。

（4）密度。干粉法检测要求的磁粉以铁粉为代表，要求具有高的磁导率和低的剩磁、矫顽力，这就意味着密度可大至 8 g/cm^3。而对于湿粉法，要求是密度约为 4.5 g/cm^3 的氧化铁粉。因此，采用干粉法时，吸附磁粉所需磁场强度比湿粉法大，而实际上这是做不到的，要求干粉法的颗粒小于 2 μm 也是不现实的。因此，对于非常细小的缺陷，干粉法的潜在灵敏度不如湿粉法大。

（5）流动性。磁粉必须能在被检表面或其附近移动方可被漏磁场吸附。对于干粉法，所用电流种类很重要，使用直流电磁粉落在试件表面不会移动，而使用交流整流电则可振动和跳动。对于湿粉法，磁粉在试件表面可有较大的活动自由；由于磁粉比载液重，势必很快下沉，搅拌是很重要的。

（6）可见度和对比度。要求选择与被检表面有良好对比的颜色，湿粉法通常用黑色、红褐色及荧光磁粉，干粉法也可采用上述磁粉，必要时可在被检面上涂底色。

4.5.3.2　磁悬液

对于湿粉法磁粉检测，用来悬浮磁粉的液体称为载液，常为油或水，磁粉和载液按一定比例混合而成的悬浮液。磁悬液将磁粉混合在液体介质中形成磁粉的悬浮液。磁悬液分为油基磁悬液、水基磁悬液和荧光磁悬液等。

（1）油基载液。油基载液优先用于以下场合：对腐蚀须严加防止的某些铁基合金（如经精加工的轴承和轴承套）；水可能会引起电击的地方；在水中浸泡可引起氢脆的某些高强合金。

（2）水基载液。水不能单独作为微粉载液使用，因为它会腐蚀铁基合金，润湿和覆盖试件表面的效果差，不能有效地分散荧光磁粉，因此必须添加水性调节剂，以弥补不足。含水性调节剂的水基载液应具有的主要性能：具有良好的润湿性，即能够均匀而完全湿润被检表面；具有良好的分散功能、能完全分散微粉而无团聚现象；引起的泡沫少、能在较短的时间内自动消除由于搅拌而引起的大泡沫；无腐蚀性，对被检试件和所用设备，甚至磁粉本身无腐蚀作用；黏度低，在 38 ℃时，最大黏度不超过 5×10^{-6} m^2/s；用于荧光磁粉时，不应发出荧光；不应引起所悬浮磁粉的变质；碱度 pH 值最大不得超过 10.0；酸度 pH 值最小不低于 6.0 应无气味。

（3）磁悬液的配制。磁悬液可由供应商配制，也可自选配制，磁悬液的浓度是指每升磁悬液中所含磁粉的量。应按照磁粉类型配制磁悬液，一般情况下，浓度控制范围为：非荧光磁粉，10~25 g/L；荧光磁粉，0.5~2.0 g/L；磁膏，60~80 g/L。磁悬液浓度应按标准要求使用梨形瓶进行测定，一般磁粉沉淀体积比为：非荧光磁粉，1.2~2.4 mL/100 mL，荧光磁粉，0.1~0.4 mL/100 mL。

4.5.4　标准试件

由于带所需位置、类型和严重程度的缺陷的实际产品试验件不易获得，常采用带人工缺陷的试验件（标准试块、标准试片等），主要类型有直流标准环形试块（Belz 环）、交流标准环形试块、标准试片、磁场指示器等。此外，磁粉检测还需要压力表、梨形瓶等辅助器材控制磁粉检测工艺质量。

使用标准试板、试环和磁场指示器评价磁粉检测系统的综合性能及检测灵敏度。

4.5.4.1 标准试板

磁轭法、触头法应用时，观察最浅磁痕。磁粉检测系统性能测试板，如图 4-13 所示。

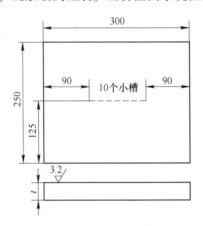

图 4-13　磁粉检测系统性能测试板

4.5.4.2 标准灵敏度试片

标准灵敏度试片（图 4-14）主要用于检测磁粉检测设备、磁粉和磁悬液的综合性能，了解被检工件表面有效磁场强度和方向、有效检测区以及磁化方法是否正确，标准试片有 A_1 型、C 型、D 型和 M_1 型。标准试片适用于连续磁化法，使用时，应将试片无人工缺陷的面朝外。为使试片与被检面接触良好，可用透明胶带将其平整黏贴在被检面上，并注意胶带不能覆盖试片上的人工缺陷。

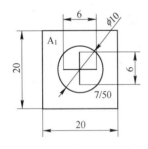

图 4-14　标准灵敏度试片

标准灵敏度试片表面有锈蚀、皱折或微特性发生改变时不得继续使用。

磁粉检测灵敏度试片用于定期检查系统的全面性能和灵敏度，如磁粉材料的组成、磁粉检测设备、操作技术和磁场值等。

标准灵敏度试片的作用：

（1）控制检测灵敏度。

（2）验证磁化规范是否合理。

A 型灵敏度试片是一面刻有一定深度的直线或圆形细槽的纯铁薄片。槽深为 7~15 μm 的试片适用于高灵敏度检测；槽深为 30 μm 和 60 μm 的试片分别适用于中等灵敏度和低灵敏度检测。将 A 型试片开槽的一面贴在坡口面上用胶带纸黏牢。检测过程中，试片的另一面应出现清晰的磁痕。

检测结束后，用照相、贴印、涂层剥离或画草图的方法记录缺陷磁痕。

4.5.4.3　试环

用来观察表面孔（人工缺陷）显示最少数目，如图 4-15 所示。

目的：

（1）评价中心导体法，磁粉材料和检测系统的灵敏度。

（2）评价周向法，磁粉材料和检测系统的灵敏度。

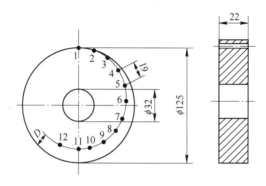

图 4-15　人工缺陷试环

4.5.4.4　磁场指示器

磁场指示器用来观察磁痕，反映试验工件表面的场强和方向。是一种用于表示被检工件表面磁场方向、有效检测区以及磁化方法是否正确的一种粗略的校验工具，但不能作为磁场强度及其分布的定量指示。其几何尺寸如图 4-16 所示。

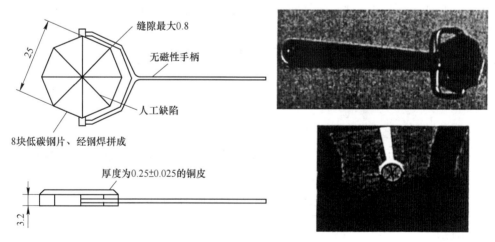

图 4-16　磁场指示器

4.5.5　黑光灯

如图 4-17 所示，黑光灯激发荧光磁粉产生荧光，帮助操作者对那些细小的、难以发现的不连续性精确定位。黑光灯主要由水银灯泡和滤光镜组成，它们装在一个手持式反光组件中，由稳压电源或变压器供电。灯的辐照强度必须定期检查，在离滤光镜 38 cm 处测量，辐照强度必须至少达到 1000 μW/cm²。当汞弧没有充分预热时达不到最大光强，至少要求预热 5 min，在检测中，黑光灯正常工作时就应该一直开着，因为过多地开关会减少灯的使用寿命。黑光灯检测时，要求在黑暗中进行以获得最佳效果。工作完后要进行定期清理，清除灰尘油污和脏物，否则会影响灯的光强。

图 4-17 黑光灯

4.5.6 光灵敏度的测定仪器

磁粉检测要求用尽可能好的方式来观察磁痕，观察者的视力必须达到一定的标准。视觉灵敏度（分辨细节的能力）随照明亮度的降低而减弱，辨色能力也同样重要，因为可能使用不同颜色的磁粉，以便于检测者对磁痕定位。

人眼是一个神奇的光学传感器，它能辨认波长范围在 400~700 nm 的可见光。无损检测人员应定期做视力检查。

黑光检测在波长 330~390 nm 范围内进行，需要一些仪器对黑光灯进行测定，如硒电池光电计、紫外线辐射计、紫外线光度计和紫外线辐射的检测标准。

任务 4.6 磁化电流和磁化方法

4.6.1 磁化电流

磁粉检测使用的磁化电流有交流、直流及整流电等几种。

磁化电流主要有正弦单相交流电、正弦单相半波整流电、正弦单相全波整流电、正弦三相全波整流电、脉冲电流等，其换算关系见表 4-3。

表 4-3 磁化电流的波形、电流表指示及换算关系

电流波形	电流表指示	换算关系	峰值为 100 A 时电流表指示
正弦单相交流电	有效值	$I_m = \sqrt{2} I_d$	70 A
正弦单相半波整流电	平均值	$I_m = \pi I_d$	32 A
	两倍平均值	$I_m = \dfrac{\pi}{2} I_d$	65 A

电流波形	电流表指示	换算关系	峰值为 100 A 时电流表指示
正弦单相全波整流电	平均值	$I_m = \dfrac{\pi}{2} I_d$	65 A
正弦三相半波整流电	平均值	$I_m = \dfrac{2\pi}{3\sqrt{3}} I_d$	83 A

注：I_d 表示电流平均值；I_m 表示电流峰值。

4.6.1.1　正弦单相交流电

A　正弦单相交流电优点

图 4-18 所示为正弦单相交流电波形，单相交流电在很多场合中使用很有效，主要优点是：

（1）只需要一个变压器即可将工业电源通过变压产生低压高电流的磁化电流，电路简单，价格便宜。

（2）由于电流是交变的，趋肤效应的存在使磁化所得磁通多集中于试件表面，有助于表面缺陷漏磁场的形成，同时也使检测后的退磁变得容易。

（3）所建立的磁场快速转换方向，这种脉动效应可使施加在试件表面的干磁粉产生扰动，增加了磁粉的活动性，更易被缺陷的漏磁场吸引形成强的指示。

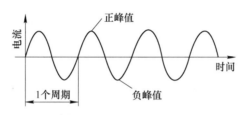

图 4-18　正弦单相交流电波形

B　正弦单相交流电缺点

正弦单相交流电的不足之处在于：在进行剩磁法检测时，有剩磁强度不稳定的问题。

C　交流磁化

（1）交流磁化应用最广，其优点是：

1）交流电的趋肤效应能提高磁粉检测检验表面缺陷的灵敏度。

2）只有使用交流电才能在被检工件上建立起方向随时间变化的磁场，实现复合磁化。

3）与直流磁化相比，交流磁场在被检工件截面变化部位的分布较为均匀，有利于对这些部位的缺陷的检测。

4）交流电的不断换向有利于磁粉在被检工件表面上的迁移，提高检测的灵敏度。

5）交流磁化的磁场浅，容易退磁。

6）设备简单，易于维修，价格便宜。

（2）缺点。

1）由于趋肤效应的影响，交流磁化对近表面缺陷的检出能力不如直流磁化强。

　　2）交流磁化后被检工件上的剩磁不稳定。因此用剩磁法检测时，一般需要在交流探伤机上加配断电相位控制器，以保证获得稳定的剩磁。

4.6.1.2　正弦单相半波整流电

　　图 4-19 为正弦单相半波整流电波形，电流值常用测量平均值的电流表指示。这种电流的优点是：

　　（1）具有直流电性质，峰值为平均值的 3.14 倍，可检测距表面较深处的缺陷。

　　（2）交流分量较大，有利于干磁粉的滚动和迁移，从而有利于缺陷的显现。

　　（3）由于不存在反方向的磁化场，剩余磁感应强度比较稳定。

　　它的缺点则是：因为电流不能反向，从而不能用于退磁；另外，其透入深度较大，也使退磁比较困难。

4.6.1.3　正弦单相全波整流电

　　图 4-20 为正弦单相全波整流电波形，与单相半波整流电相比，这种电流具有电流大、脉动程度小等优点，使用较多。缺点是退磁也较困难。

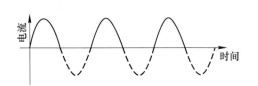

图 4-19　正弦单相半波整流电波形

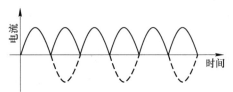

图 4-20　正弦单相全波整流电波形

4.6.1.4　正弦三相全波整流电

　　图 4-21 为正弦三相全波整流电波形。这种电流除具有单相全波整流电的所有优点外，由于电流分别从电源线的三相引出，因此电源线负载可较小，也较均衡，这就允许在设计时连接一个快速切断电路，以改善纵向磁化试件两端横向缺陷的显现。

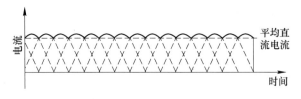

图 4-21　正弦三相全波整流电波形

4.6.1.5　脉冲电流

　　图 4-22 为脉冲电流波形图，通常是通过电容器的充、放电获得的，电流值可达 $(1 \sim 2) \times 10^4$ A。由于脉冲可以按预先确定的时间间隔出现，在接触点由电流引起的发热危险就很小。由于通电时间非常短（单个脉冲的持续时间可达到 0.25 s），只能用于剩磁法。试验证明，反复通电数次，缺陷的检出效果较好。

　　整流磁化：随脉动程度降低，磁场渗透力提高，检出缺陷深度增加。

　　直流磁化：检出缺陷深度最大。两者剩磁大，不易退磁。需用专用设备（如超低频退磁）。同时，变截面处 B 分布不均匀，容易造成漏检。

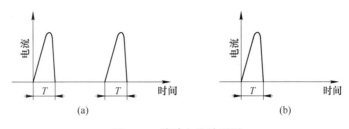

图 4-22　脉冲电流波形图

（a）脉冲电流；（b）单脉冲电流

4.6.2　磁化方法

磁化方法因缺陷取向不同采用不同的磁化方法，一般有周向磁化法、纵向磁化法、复合磁化法和旋转磁化法 4 种。

磁化的目的是使工件内的磁力线能与缺陷表面基本正交，获得尽可能强的缺陷漏磁场。

磁场方向与发现缺陷的关系：磁粉检测的能力取决于施加磁场的大小和缺陷的延伸方向，还与缺陷的位置、大小和形状等因素有关。工件磁化时，当磁场方向与缺陷延伸方向垂直时，缺陷处的漏磁场最大，检测灵敏度最高。

根据工件的几何形状、尺寸大小和缺陷可能走向需要在工件上建立不同的磁化场方向，一般根据磁化场方向将磁化方法分为周向磁化、纵向磁化和多向磁化（也称为复合磁化）。磁化工件的顺序是：一般先进行周向磁化，后进行纵向磁化；如果一个工件上横截面尺寸不等，周向磁化时，电流值应分别计算，先磁化小直径部分，后磁化大直径部分。

4.6.2.1　周向磁化

周向磁化是指给工件直接通电，或者使电流流过贯穿空心工件孔中的导体，旨在工件中建立一个环绕工件并与工件轴线垂直的周向闭合磁场，用于发现与工件轴线（或与电流方向）平行的纵向缺陷，即与电流方向平行的缺陷。主要周向磁化方法的分类和示意图如图 4-23、图 4-24 所示。

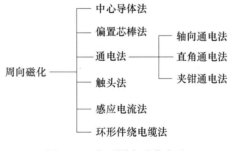

图 4-23　主要周向磁化方法

对于小型工件，采用直接通电或中心导体通电法；对于大型工件，采用触头法或平行电缆法。触头法根据被测部位及灵敏度要求选择触点距离和电流大小。同一被检部位通过

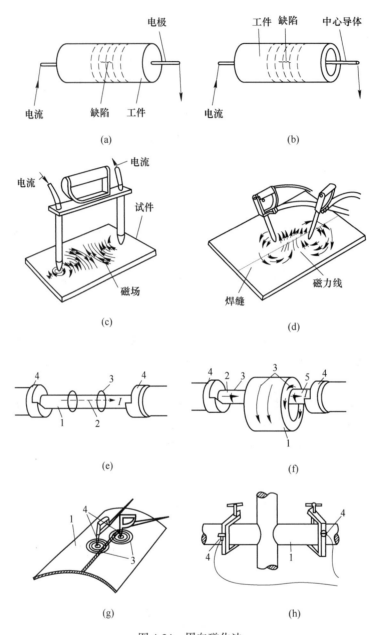

图 4-24　周向磁化法

（a）通电法；（b）中心导体法；（c）固定触头间距触头法；（d）非固定触头间距触头法；
（e）两端接触法；（f）中心导体感应磁化法；（g）触头法；（h）夹具通电法
1—工件；2—电流；3—磁力线；4—电极；5—心杆

改变触点连线方位的方法，至少进行两次相互垂直的检测，以免漏检。触头电压不超过 24 V。

4.6.2.2　纵向磁化

纵向磁化是指将电流通过环绕工件的线圈，沿工件纵向磁化的方法，工件中的磁力线平行于线圈的中心轴线，用于发现与工件轴向垂直的周向缺陷（横向缺陷）。利用电磁轭和永久磁铁磁化，使磁力线平行于工件纵轴的磁化方法也属于纵向磁化。主要纵向磁化方法的分类和示意图如图 4-25、图 4-26 所示。常用磁轭法和线圈法。

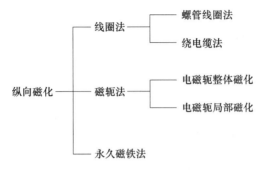

图 4-25　主要纵向磁化方法的分类

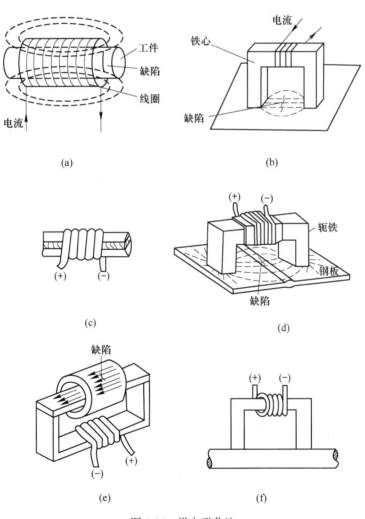

图 4-26　纵向磁化法

（a）线圈法；（b）（d）磁轭法；（c）绕电极法；

（e）空心零件的磁化法；（f）长轴零件的磁化法

4.6.2.3　多向磁化

多向磁化是指通过复合磁化，在工件中产生一个大小和方向随时间呈圆形、椭圆形或螺旋形轨迹变化的磁场。因为磁场的方向在工件上不断地变化着，所以可发现工件上多个方向的缺陷。主要多向磁化方法的分类如图 4-27 所示，交叉磁法如图 4-28 所示。

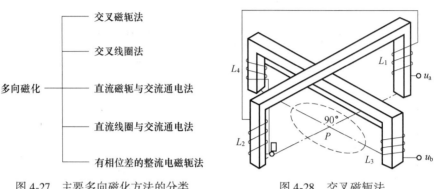

图 4-27　主要多向磁化方法的分类　　　　　　图 4-28　交叉磁轭法

同时在被检工件上施加两个或两个以上不同方向的磁场。复合磁化法将周向磁化和纵向磁化同时作用在工件上，使工件得到由两个互相垂直的磁力线的作用而产生的合成磁场，其指向构成扇形磁化场。检查各种不同倾斜方向的缺陷。

旋转磁化法将绕有激磁线圈的∏型磁铁交叉放置，各通以不同相位的交流电，产生圆形或椭圆形合成磁场（合成磁场又称为旋转磁场）。旋转磁化法能发现沿任意方向分布的缺陷。由于被检表面上有效磁化场内任意取向的缺陷都有与旋转磁场最大幅度方向正交的机会，可在任意方向上获得缺陷漏磁场以发现缺陷，需要连续行走。磁化方法见表 4-4。

表 4-4　磁化方法

名　称	说　明
轴向通电法	沿试件轴向通电流、环绕试件的圆周建立磁场
触头法	电流通过触头型电极、使试件局部磁化的方法
线圈法	线圈通电流，磁通沿着线圈内试件的长轴方向通过的磁化方法
磁轭法	借助永久磁铁或电磁铁将磁场导入试件的磁化方法
穿棒法	将导电棒或电缆从试件内孔或开口穿过，并通电流磁化的方法
感应电流法	对穿过试件孔穴的磁导体施加交变磁场，使试件中感应电流而进行磁化的方法
交叉磁轭法	用两个不同相位的交流电激励交叉电磁轭线圈产生旋转磁场，可对工件进行探伤的方法

除此之外，其他的检测方法还有磁敏探头法和录磁检测法等。

磁敏探头法是指利用合适的磁敏探头探测工件表面，把漏磁场信号转换成电信号，再经过放大、信号处理和储存，以便可用光电指示器加以显示的一种无损检测方法。主要用于回转对称体的检测，如棒材、直缝焊管等大批量零件的检测，常在自动检测设备中采用。

录磁检测法一般是以磁带记录为最主要的方法，故又简称为磁带法。检测时，将磁带覆盖在已磁化的被检工件上，缺陷部位的漏磁场就在磁带上产生局部磁化作用，然后用磁敏探头测出磁带录下的漏磁，从而确定焊缝表面缺陷的位置。录磁法分为不连续式和连续式两种，它是磁力检测中一种较新的技术，其检测灵敏度和检测速度都很高，主要用于焊缝及多边形棒材的表面质量检验。

根据 NB/T 47013.4—2015，磁轭法和触头法的典型磁化方法见表 4-5；绕电缆法和交叉磁轭法的典型磁化方法见表 4-6。

表 4-5　磁轭法和触头法的典型磁化方法

磁轭法的典型磁化方法		触头法的典型磁化方法	
	$L \geqslant 75\ \text{mm}$ $b \leqslant L/2$ $\beta \approx 90°$		$L \geqslant 75\ \text{mm}$ $b \leqslant L/2$ $\beta \approx 90°$
	$L \geqslant 75\ \text{mm}$ $b \leqslant L/2$		$L \geqslant 75\ \text{mm}$ $b \leqslant L/2$
	$L_1 \geqslant 75\ \text{mm}$ $L_2 \geqslant 75\ \text{mm}$ $b_1 \leqslant L_1/2$ $b_2 \leqslant L_2 - 50\ \text{mm}$		$L \geqslant 75\ \text{mm}$ $b \leqslant L/2$
	$L_1 \geqslant 75\ \text{mm}$ $L_2 \geqslant 75\ \text{mm}$ $b_1 \leqslant L_1/2$ $b_2 \leqslant L_2 - 50\ \text{mm}$		$L \geqslant 75\ \text{mm}$ $b \leqslant L/2$

续表 4-5

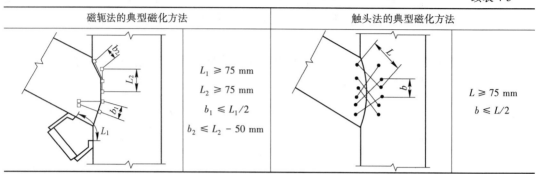

磁轭法的典型磁化方法		触头法的典型磁化方法	
	$L_1 \geqslant 75$ mm $L_2 \geqslant 75$ mm $b_1 \leqslant L_1/2$ $b_2 \leqslant L_2 - 50$ mm		$L \geqslant 75$ mm $b \leqslant L/2$

表 4-6　绕电缆法和交叉磁轭法的典型磁化方法

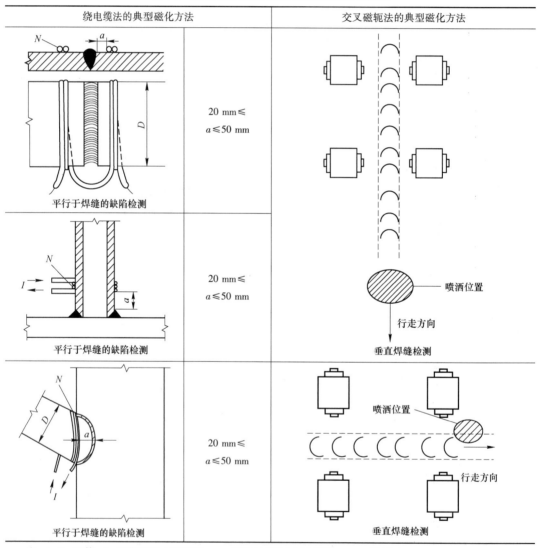

绕电缆法的典型磁化方法		交叉磁轭法的典型磁化方法
平行于焊缝的缺陷检测	20 mm $\leqslant$ $a \leqslant 50$ mm	
平行于焊缝的缺陷检测	20 mm $\leqslant$ $a \leqslant 50$ mm	喷洒位置 行走方向 垂直焊缝检测
平行于焊缝的缺陷检测	20 mm $\leqslant$ $a \leqslant 50$ mm	喷洒位置 行走方向 垂直焊缝检测

注：1. N—匝数；I—磁化电流（有效值）；a—焊缝与电缆之间的距离；D—工件尺寸。

　　2. 检测球罐环向焊接接头时，磁悬液应喷洒在行走方向的前上方。

　　3. 检测球罐纵向焊接接头时，磁悬液应喷洒在行走方向上。

任务 4.7　磁粉检测灵敏度和磁化规范

4.7.1　磁粉检测灵敏度

磁粉检测效果是用磁粉的堆积来显示的，是以工件上不允许存在的表面和近面缺陷能否得到充分地显示来评定的。而这种显示又与缺陷处的漏磁场的大小和方向有密切关系，检测时被检材料表面细小缺陷被磁粉显现的程度称为磁粉检测灵敏度。根据工件上缺陷显现的情况，磁粉的显示可分为以下 4 种情况：

（1）显示不清。磁粉聚集微弱，磁痕浅而淡，不能显示缺陷全部情况，重复性不好，容易漏检，其检测灵敏度也最低，不能作为判断缺陷的依据。

（2）基本显示。磁粉聚集细而弱，能显示缺陷全部形状和性质，重复性一般，其检测灵敏度表现也欠佳，作为缺陷判断依据效果不佳。

（3）清晰显示。磁粉聚集紧密、集中、鲜明，能显示全部缺陷形状和性质，重复性良好，能达到需要的检测灵敏度。这是磁粉检测判断的标准。

（4）假显示。磁粉聚集过密，在没有缺陷的表面上有较明显的磁粉片或点状附着物。有时金属流线、组织及成分偏析、应力集中、局部冷作硬化等成分组织的不均匀现象也有所显示。伪显示影响缺陷的正常判断，是检测灵敏度显示过度的反映，应该注意排除。

影响磁粉检测灵敏度的主要因素有正确的磁化参数，合适的检测时机，适当的磁化方法和检测方法，磁粉的性能和磁悬液的浓度及质量，检测设备的性能，工件形状与表面粗糙度，缺陷的性质、形状和埋藏深度，正确的工艺操作，检测人员的素质，照明条件等。

4.7.2　磁化方向的选择

磁场方向与发现缺陷的关系：工件磁化时，与磁场方向垂直的缺陷最容易产生足够的漏磁场，也就最容易吸附磁粉而显现缺陷的形状。当缺陷方向与磁场方向大于 45° 角时，磁化仍然有效；当缺陷方向平行或接近平行于磁场方向时，缺陷漏磁场很少或没有。必须对工件的磁化最佳方向进行选择，使缺陷方向与磁场方向垂直或接近垂直，以获得最大的源磁场。

选择工件磁化方法实际就是选择工件的最佳磁化方向。一般考虑以下几个因素：工件的尺寸大小、工件的外形结构、工件的表面状态、工件检测的数量以及工件可能产生缺陷的方向。

4.7.3　磁化规范分级及确定原则

磁化规范是在工件上建立必要的工作磁通时所选择的合适磁化磁场或磁化电流值。磁化规范按照检测灵敏度一般可分为 3 个等级：

（1）标准磁化规范，也称为标准灵敏度规范。在这种情况下，能清楚显示工件上所有的缺陷，如深度超过 0.05 mm 的裂纹，表面较小的发纹及非金属夹杂物等，一般在要求较高的工件检测中采用。

（2）严格磁化规范，也称为高灵敏度规范。在这种规范下，可以显示出工件上深度在 0.05 mm 以内的微细裂纹、皮下裂纹以及其他表面与近表面缺陷。适用于特殊要求的场合，如承受高负载、应力集中及受力状态复杂的工件，或者为了进一步了解缺陷性质而采用。这种规范下处理不好时可能会出现伪像。

（3）放宽磁化规范，也称为低灵敏度规范。在这种规范下，能清晰地显示出各种性质的裂纹和其他较大的缺陷。适用于要求不高的工件磁粉检测。

根据工件磁化时磁场产生的方向，通常将磁化规范分为周向磁化规范和纵向磁化规范两大类。而根据检测方法不同又有连续法磁化规范和剩磁法磁化规范之分，不同方法所得到的检测灵敏度也不尽相同。根据磁粉检测的原理可知，工件表面下的磁感应强度是决定缺陷漏磁场大小的主要因素，应根据工件磁化时所需要的磁感应数值来确定外加磁场强度的大小。

总之，制订一个工件的磁化规范时，首先要根据磁特性和热处理情况，确定是采用连续法还是剩磁法进行检测，然后根据工件尺寸、形状、表面粗糙度以及缺陷可能存在的位置形状和大小确定磁化方法，最后根据磁化后工件表面应达到的有效磁场值及检测的要求确定磁化电流类型并计算出大小。尽管不同的工件所采用的磁化方法、磁化规范是不相同的，但根本目的都是使工件得到技术条件许可下的最充分磁化。

不同磁化方法磁化规范见表 4-7。

表 4-7　不同磁化方法磁化规范

检测方法	检测条件	磁化电流	备注
轴向通电法	直流电、整流电连续法	$I=(12\sim32)D$	I：磁化电流值（A） D：工件横截面上最大尺寸（mm）
	直流电、整流电剩磁法	$I=(25\sim45)D$	
	交流电连续法	$I=(8\sim15)D$	
	交流电剩磁法	$I=(25\sim45)D$	
触头法	工件厚度 $T<19$ mm	$I=(3.5\sim4.5)L$	I：磁化电流值（A） L：触头间距（mm）
	工件厚度 $T\geqslant19$ mm	$I=(4\sim5)L$	
低填充系数线圈法	工件偏心放置	$I=\dfrac{45000}{N(L/D)}$	I：磁化电流值（A） N：线圈匝数 L：工件长度（mm） D：工件直径或横截面上最大尺寸（mm） R：线圈半径（mm） $L/D<3$ 时不适用 $L/D\geqslant10$ 时取 10 代入
	工件正中放置	$I=\dfrac{1690R}{N[6(L/D)-5]}$	
磁轭法	交流	提升力至少应为 45 N	间距为 75~200 mm
	直流	提升力至少应为 177 N	

任务 4.8　磁痕分析与记录

4.8.1　磁痕的观察与判别

磁粉在被检表面上聚集形成的图像称为磁痕。

对磁粉的要求有 3 个：一是有大的 μ 和小的 B_r 和 H_c；二是磁粉颗粒要小，增加移动性，一般为 200 目左右，以长条形为最好，或者长条形加球形；三是颜色与工件表面颜色区别越大越好，可在其上包覆一层荧光物质或其他颜料。

对磁痕进行观察及评定对钢制压力容器的磁粉检测，必须用 2~10 倍放大镜观察磁痕。用于非荧光法检验的白色光强度要达到 1500 lx 以上；应保证试件表面有足够的亮度。用荧光磁粉检验时，被检表面的黑光强度应不少于 970 lx，同时白光照度不大于 10 lx。若发现有裂纹、成排气孔或超标的线形或圆形显示，均判定为不合格。

光照度是表明物体被照明程度的物理量。光照度与照明光源、被照表面及光源在空间的位置有关，大小与光源的光强和光线的入射角的余弦成正比，而与光源至被照物体表面的距离的平方成反比。

光照度的单位是勒克斯，英文 lux 的音译，也可写为 lx。

光照度是反映光照强度的一种单位，其物理意义是照射到单位面积上的光通量，照度的单位是每平方米的流明（Lm）数，也叫做勒克斯（lux）：

$$1 \text{ lux} = 1 \text{ Lm/m}^2 \tag{4-7}$$

式（4-7）中，Lm 是光通量的单位，其定义是纯铂在熔化温度（约 1770 ℃）时，其 $1/60 \text{ m}^2$ 的表面面积于 1 球面度的立体角内所辐射的光量。

磁粉检测所形成的磁痕有假磁痕、非相关磁痕和相关磁痕之分。

4.8.1.1 假磁痕

假磁痕是指不是由于存在漏磁场而产生的磁痕。以下情况可能出现假磁痕：

（1）试件表面粗糙（如粗糙的机加工表面、未加工的一般铸造件表面等）导致磁粉滞留。

（2）试件表面的氧化皮、锈蚀及覆盖层斑驳处的边缘也会出现磁粉滞留。

（3）表面存在油脂、纤维或其他脏物也会黏附磁粉。

（4）磁悬液浓度过大、施加方式不当也易形成磁粉滞留。通过仔细的观察，一般来说，假磁痕是可以判别的。表面氧化皮，锈蚀，涂料，斑点，粗糙及加工表面出现的磁痕，与实际缺陷无关。

4.8.1.2 非相关磁痕

非相关磁痕是指与缺陷不相关的磁痕，其产生原因是存在漏磁场但漏磁场不是由于存在缺陷产生的。金相组织不均匀，异种材料界面，非金属夹杂物偏析，应力集中区所显现的磁痕。

非相关磁痕产生的原因，有些与试件的设计外形结构有关，对使用性能并不构成危害，但有些与试件本身的材料质量、试件的制造工艺质量有关不能排除对使用性能可能构成危害，这就要求从业人员要很好地结合试件的结构设计及制作工艺对磁痕进行判别，必要时退磁后再进行重复检测，或借助其他无损检测方法（如超声液体渗透、射线等），或金相试验进行综合分析，以避免将合格件报废或出现漏检造成质量隐患。

（1）试件截面突变。试件内存在孔洞、键槽、齿条的部位由于截面面积突变可迫使部分磁力线越出试件形成漏磁场。在螺纹根部或齿根部位也常会产生。当磁化场强度偏高时更易形成。

（2）磁性能的突变。例如，钢锭中出现的枝晶偏析及非金属夹杂物可沿轧制方向延伸形成纤维状组织（流线），流线与基体磁性能有突变即可形成磁痕。如在 30CrMnSi2A 钢螺栓中，由于奥氏体中所含碳和其他合金元素高，淬火后残留奥氏体量就多，这种条状的奥氏体是非磁性的。磁粉检测时常出现条状磁痕。为避免误判和漏判，使用有严重偏析的材料是不适宜的，尽管在某些材料中，这类带状组织可能并不一定影响使用性能。在冷硬加工后形成的加工硬化区、热加工时由于试件几何形状复杂冷却速度相差悬殊区、焊接时因温度急剧改变而产生的内应力处、使用过的试件上出现应力过大的部位、模锻件的分模面、两种磁导率不同材料的焊接交界处均可因磁性能突变而形成磁痕。

4.8.1.3 相关磁痕

相关磁痕是指由于存在缺陷漏磁场而产生的磁痕。热加工时出现的危害性缺陷（表面），如裂纹、气孔、夹杂物等，如图 4-29 所示。

为确保相关磁痕显示的灵敏度和可靠性，试件应进行预处理，主要内容包括：

（1）检测前的退磁，如果先前的加工可产生剩余磁场，检测前应退磁，以免产生干扰。

（2）表面清洗，被检面应光洁、干燥、无油脂及其他可干扰检测的情况。

（3）覆盖层不应该妨碍铁磁材料基底上表面缺陷的检测，油漆或镀铬层厚度不应大于 0.08 mm，铁磁性覆盖层（如镍层）厚度不应大于 0.03 mm，覆盖层超过限制厚度或者在高应力作用下，为检出磨削裂纹或非金属条带等，则必须通过试验验证检测效果；当覆盖层为非导电体时，进行通电法检测时必须事先予以去除。

 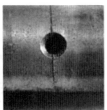  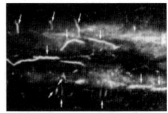

未磁粉检测　　　　　磁粉检测　　　　　干磁粉法检测痕迹　　　荧光磁粉检测黑光灯下的裂纹痕迹

图 4-29 磁痕的显示

4.8.2 磁痕的分析

常见的相关磁痕主要有：

（1）发纹。发纹是一种原材料缺陷。钢中的非金属夹杂物和气孔在轧制、拉拔过程中随着金属的变形伸长而形成发纹。其磁痕特征为：呈细而直的线状，有时弯曲，端部呈尖形，沿金属纤维方向分布。磁痕均匀而不浓密。擦去磁痕后，用肉眼一般看不见发纹。长度多在 20 mm 以内，连续或断续。

（2）非金属夹杂物。磁痕不太清晰，一般呈分散的点状或短线状分布。

（3）分层。呈长条状或断续分布，浓而清晰。

（4）材料裂纹。呈直线或一根接一根的短线状磁痕。磁粉聚集较浓且显示清晰。

（5）锻造裂纹。浓密、清晰，呈直的或弯曲的线状。

（6）折叠。锻造缺陷。磁痕特征为：多与工件表面成一定角度，常出现在工件尺寸突变处或易过热部位；有的类似淬火裂纹，有的呈较宽的沟状，有的呈鳞片状；磁粉聚集的多少随折叠的深浅而异。

（7）焊接裂纹。在焊缝或热影响区内，其长度可为几毫米至数百毫米；深度较浅的为几毫米，较深的可贯穿整个焊缝或母材。磁痕浓密清晰，呈直线或弯曲状，也有的呈树枝状。

（8）气孔。磁痕呈圆形或椭圆形，不太清晰，浓度与气孔的深度有关，埋藏气孔一般要用直流磁化才能检出。

（9）淬火裂纹。磁痕浓密清晰，特征：一般呈细直的线状，尾端尖细，棱角较多；渗碳淬火裂纹的边缘呈锯齿形；工件锐角处的淬火裂纹呈弧形。

（10）疲劳裂纹。磁痕中部聚集磁粉较多，两端磁粉逐渐减少，显示清晰。

4.8.3　磁痕的记录

根据需要，对导致试件拒收的磁痕可用经批准的方法标记在试件上，关于磁痕的位置、方向、出现的频度等的永久性记录，可用以下一种或几种方法对磁痕进行记录。

（1）书面描述。在草图上或以表格形式记录磁痕的位置、长度、取向和数量等。

（2）透明胶带。将透明胶带覆盖在磁痕上，然后剥下粘有磁痕的胶带，参照其在试件上的位置等信息以批准的形式贴附在记录上。

（3）可剥薄膜。在磁痕所在位置喷涂一层可剥性薄膜就地固定磁痕，从试件上取薄膜时磁痕会黏附在上面。

（4）对磁痕进行照相或做视频记录。

（5）橡胶铸型。按规定的磁化方法对受检部位进行磁化，然后施加磁性好、粒度细的优质黑磁粉，以无水乙醇作为载液配成磁悬液，在磁悬液充分干燥后，根据用量要求在一定量的橡胶液中加入固化剂，充分搅拌均匀后注入受检部位，经一定的周化时间（取决于移胶、固化剂的成分、用量、温度和相对湿度）后可取出橡胶铸型件。根据其上的磁痕复型大小，可用肉眼直接观测或通过放大镜、实体显微镜观测，此铸型可用作永久性记录，此法具有磁橡胶法的某些优点，而灵敏度、对比度、可靠性更高，在诸如监视疲劳裂纹的起始和发展上是很有用的，可发现长度在 0.2 mm 以下的早期疲劳裂纹。

相关磁痕有时要作为永久性记录保存，记录方法有照相、用透明胶带贴印、涂层剥离或画出磁痕草图等。为保留并记录相关磁痕，常用照相法和透明胶带粘贴法等。

任务 4.9　检测后的退磁和清理

4.9.1　退磁

4.9.1.1　退磁工序安排

A　需要退磁的原因

（1）剩磁会影响到某些仪器和仪表的工作精度和功能。

（2）剩磁所吸附的磁粉在后续工序，如机加工和表面涂装时，会引起动部件的磨损。

（3）剩磁可导致切屑黏附在表面，破坏表面精度和使刀具钝化。

（4）在试件尚需电焊时，剩磁会引起电弧偏吹或游离。

（5）剩磁可干扰以后的磁粉检测。

B　不需要退磁的情况

（1）后续工序是热处理，试件要被加热到居里点温度（对于钢约 750 ℃）以上。

（2）顽磁性低的试件（如低碳钢的容器），在磁化场移去后剩磁场很微弱。

（3）在一个方向磁化后接着要在另一方向以更强的磁场进行磁化检测。

4.9.1.2　退磁的方法

A　交流电退磁

采用交流电退磁时，试件所承受的退磁场强度的峰值应大于检测时所用峰值，而退磁场的方向应近乎平行于磁化方向。试件夹于两接触电极之间通以交流电进行周向磁化检测后，或用检验棒法进行周向磁化检测后，可在原位将电流逐渐减小至零以退磁，如图 4-30 所示。对于中、小试件的退磁，一般将试件放在通有工频交流电的线圈前约 300 mm，缓慢平移通过线圈，至少超过线圈端头 1000 mm 方可切断退磁线圈电流，有时需要重复这一过程以完全退磁，形状复杂的试件退磁时，通过线圈过程中可进行翻转。

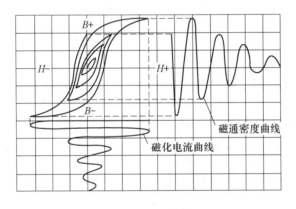

图 4-30　退磁原理

B　直流电退磁

直流电退磁原理与交流电退磁相同。退磁场强度应高于磁化时达到的最大数值，磁场的方向与磁化方向近乎平行。退磁过程中，通过重复换向并逐渐降低强度这一过程，直到剩磁达到要求。通常换向频率为每秒钟一次，即可有效进行周向磁化的退磁。

4.9.2　清理

清理可用溶剂、压缩空气或其他方法进行。清理过程中，应仔细检查试件，以保证此清理作业已去除了残留在气孔、裂纹和通道等处的磁粉，这些磁粉会对试件的使用造成有害的影响。应仔细清除当初为防止磁悬液进入小开口，油孔而使用的塞子或其他遮蔽物，在清理过程中应防止任何可能的腐蚀和损伤。清理后按规定对受检件做出标记。

任务 4.10 磁粉检测实操训练

4.10.1 磁粉检测的步骤及要求

磁粉检测的一般过程包括预处理、磁化、施加磁粉或磁悬液、磁痕的观察与记录、缺陷评级、退磁和后处理。

磁粉检测的基本要求之一是被检零件能得到适当的磁化，使缺陷产生的漏磁场能够吸附磁粉形成磁痕显示。不同磁化方法的应用场合不同，有其优越性，也有局限性。零件由接触电极直接通电的磁化方法有 3 种：零件端头接触通电法、夹钳或电缆接触通电法和触头支杆接触通电法。间接磁化方法中，电流不直接通过工件，通过通电导体产生磁场使工件感应磁化，主要有中心导体法、线圈法和磁轭法。中心导体法产生周向磁场，线圈法和磁轭法产生纵向磁场。

根据被检工件的材料、形状、尺寸及需检查缺陷的性质、部位、方向和形状等的不同，所采用的磁粉检测方法也不尽相同，但其检测步骤大体如下。

4.10.1.1 检测前的准备和表面预处理

校验检测设备的灵敏度，除去被检工件表面的油污、铁锈、氧化皮等。改善表面状态，提高检测灵敏度。

表面预处理：

（1）被检表面应充分干燥。

（2）用化学或机械方法彻底清除被检表面上可能存在的油污、铁锈、氧化皮、毛刺、焊渣及焊接飞溅等表面附着物。

（3）必须采用直接通电法检测带有非导电涂层时，应预先彻底清除掉导电部位的局部涂料，以避免因触点接触不良而产生电弧，烧伤被检表面。

4.10.1.2 磁化

（1）确定检测方法。对高碳钢或经热处理（淬火、回火、渗碳、渗氮）的结构钢零件用剩磁法检测，对低碳钢、软钢用连续法检测。

（2）确定磁化方法（纵、周、复合磁化）。

（3）确定磁化电流种类。一般直流电结合干磁粉、交流电结合湿磁粉效果较好。

（4）确定磁化方向。应尽可能使磁场方向与缺陷分布方向垂直。

（5）确定磁化电流。磁化电流的选择是影响磁粉检验灵敏度的关键因素，其大小一般是根据磁化方式再由相应的标准或技术文件中给出。

（6）确定磁化的通电时间。采用连续法时，应在施加磁粉工作结束后再切断磁化电流。

一般是在磁悬液停止流动后再通几次电，每次时间为 0.5~2 s。采用剩磁法时通电时间一般为 0.2~1 s。

4.10.1.3 喷洒磁粉或磁悬液

采用干法检验时，应使干磁粉喷成雾状；湿法检验时，磁悬液需经过充分的搅拌或摇匀，然后进行喷洒。

4.10.1.4　对磁痕进行观察及评定

对钢制压力容器的磁粉检测，必须用 2~10 倍放大镜观察磁痕。用于非荧光法检验的白色光强度应保证试件表面有足够的亮度。用荧光磁粉检验时，被检表面的黑光强度应不少于 970 lx。若发现有裂纹、成排气孔或超标的线形或圆形显示，均判定为不合格。

4.10.1.5　退磁

使工件剩磁为零的过程称为退磁。被检工件上带有的剩磁往往是有害的（影响安装在其周围的仪表、罗盘等计量装置的精度或吸引铁屑增加磨损；干扰焊接过程，引起磁偏吹；或影响以后的磁粉检测），所以需退磁，即将被检工件内的 B_r 减小到不妨碍使用的程度。把工件放入磁场中（退磁的起始磁场强度大于或等于磁化时的磁场强度）然后不断改变磁场方向，同时使其逐渐减小到 0。常用退磁方法有交流退磁、直流退磁和其他退磁，如图 4-31、图 4-32 所示。

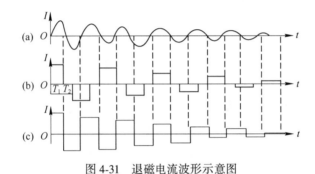

图 4-31　退磁电流波形示意图
（a）交流电；（b）直流电；（c）超低频电流

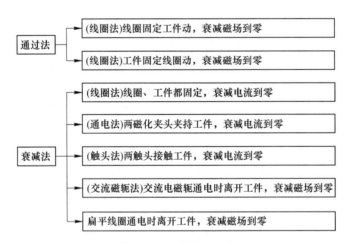

图 4-32　交流退磁方法

（1）交流退磁。

方法一：将工件从交流磁化线圈中移开。把工件放在通有交变电流的磁化线圈中，然后缓慢地将工件从线圈中移出至 1.5 m 以外。推荐使用 5000~10000 匝的线圈。对焊缝表面可采用磁轭作局部退磁，把磁极放在其表面上，围绕着该区移动，保持电磁轭处于激励状态，让焊缝缓慢移开。

方法二：减小交流电。工件放入磁场中，位置不变，逐渐减小交流电，把磁场降低到规定值。

（2）直流退磁。不断切换电流方向并逐渐减小至 0。衰减级数尽可能大（30 次以上）。

（3）振荡电流退磁。将充好电的电容器跨接在退磁线圈上，构成振荡回路。电路以固有的谐振频率产生振荡，并逐渐减小至 0。

4.10.1.6　后处理

清洗、干燥、防锈：

清理被检工件表面上残留的磁粉或磁悬液。

油磁悬液：汽油。

水磁悬液：水冲洗，然后干燥，防护油。

干磁粉：直接用压缩空气清理。

4.10.1.7　结果记录

认真做好结果记录。

4.10.2　磁粉检测工艺卡填写

No.：		磁粉探伤工艺卡示例		工程名称：	
				工程编号：	
工件名称		工件编号		材　质	
规　格		焊接方法		检测部位	
检测比例		检测标准		合格级别	
表面要求					
器材	仪器型号		灵敏度试片		
	磁粉种类		磁粉粒度		
	磁悬液种类		磁悬液浓度		
工艺参数	检测时机		磁化方法		
	磁场强度		磁轭间距		
	磁化方向		电流类型		
	通电方式		磁粉施加方法		
	照明条件		缺陷记录方法		
检测示意图及说明					
编制：		审核：		批准：	
日期：		日期：		日期：	

MT- I 级 (　) II 级 (　) 人员实操记录表示例

试件编号		规格/mm		主体材质	
仪器型号		磁粉种类		表面状况	
磁悬液种类		浓度		标准试片	
磁化方法		磁化时间		喷洒方式	
执行标准			磁化规范		

缺陷记录

缺陷序号	$S1$/mm	$S2$/mm	$S3$/mm	L/mm	n/条	评定级别

示意图:

探伤结论				
探伤人	×××	日　期		×××

4.10.3 磁粉检测案例分析

采用磁粉检测法来检查铁磁性钢制压力容器焊缝的表面缺陷，具有检测灵敏度高、检验速度快的特点，而且能探测一定深度下的缺陷。除了非磁性的奥氏体工件以及点状的表面缺陷用渗透法作替代或补充外，一般都采用磁粉检测法来检查其焊缝内外表面的缺陷。下面以球罐为例，来说明磁粉检测的方法和特点。缺陷分布钢制球形储罐的结构如图 4-33 所示。

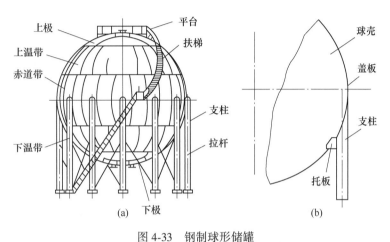

图 4-33 钢制球形储罐
（a）球罐各部分名称；（b）支柱与球壳的连接

4.10.3.1 检查结果及统计

（1）根据开罐检查的结果发现：

1）焊接接头上裂纹多，母材上裂纹少。

2）球罐内表面裂纹多，外表面裂纹少。

3）环焊缝上裂纹多，纵焊缝上裂纹少。

4）焊缝上横向裂纹多，纵向裂纹非常少。

5）熔合线纵向裂纹多，横向裂纹较少。

（2）根据对开罐检查结果的统计，裂纹的分布情况：

1）焊接接头区域的裂纹占全部裂纹的 72%。

2）装配点焊位置上的裂纹占全部裂纹的 26%。

3）人孔及接管处的裂纹占全部裂纹的 2%。

可见，缺陷产生的部位大多集中在焊缝及热影响区，而且压力容器上的支杆、弧板及吊耳等工卡具焊痕也是磁粉检测所不能忽视的部位。尤其是内表面焊痕处裂纹直接与介质接触，将导致应力腐蚀，若有漏检，更容易造成严重后果。

4.10.3.2 缺陷的探查

（1）清理表面。用金属刷清除焊缝及热影响区、工卡具焊缝等要检查部位的污垢、氧化皮及油漆等，必要时可用碱性溶剂清洗。实验表明：如果有 1 mm 厚的氧化皮，将导致 7~8 mm 深的裂纹漏检。

（2）校验灵敏度及设备性能。在用磁轭法和触头法磁化时，应使用性能测试板来判定检测灵敏度和评估设备性能。

（3）选择检测设备、确定磁化方法。由于球罐较大，无法采用固定式磁粉探伤机，只能使用便携式或磁轭式旋转磁场探伤机进行分段检测。磁粉的选择应符合磁粉性能的要求。为了安全、节油及清洁环境，磁悬液可采用水磁悬液。

（4）确定磁化时间。磁轭电流每次持续时间为 0.5~2 s，间歇时间不得超过 1 s。在停止施加磁悬液 1 s 后可停止磁化。

4.10.3.3　缺陷的处理和修补后的检验

经磁粉检测后，若发现的缺陷较浅，可用手砂轮或刮刀等工具进行清除。清除后的凹坑如不需补焊，则要将凹坑边缘打磨得平滑些，以免出现拐角而造成应力集中。对于比较深的缺陷，可以用手砂轮或气刨来清除后再进行磁粉检测，直到确认表面缺陷已被完全清除，然后按要求进行补焊，补焊后的部位再按原检测方法和工艺进行检测。

实际检测时经常是将上述几种方法组合应用，如溶剂去除型着色渗透检测等。

复习思考题

4-1　什么是漏磁场，影响漏磁场的因素有哪些？

4-2　简述磁粉检测的原理，磁粉检测的特点是什么？

4-3　磁粉检测的器材有哪些，分别有什么作用？

4-4　简述磁粉检测的操作步骤？

项目5　渗透检测

【教学目标】

1. 掌握渗透检测基本原理及特点、渗透检测设备及器材、渗透检测的方法与应用；

2. 会使用渗透检测系统进行检测操作；

3. 能够具备对检测出现的现象进行分析和判别能力，具备安全检测意识、规范意识和精益求精的工匠精神。

【说说身边那些事】

23年超百万次探伤零差错——"高铁神探"王丽萍

2023年4月27日，庆祝"五一"国际劳动节暨全国五一劳动奖和全国工人先锋号表彰大会在北京人民大会堂隆重举行。中车长客股份公司无损检测员、高级技师王丽萍受邀参会，荣获全国五一劳动奖章。

王丽萍，女，中共党员，中车长客股份公司质量保证部转向架质控室无损检测员、探伤班长、高级技师、高级工程师，中国中车资深技能专家，中车长客无损检测大师工作室领创人，长春市妇联执委，长春市第十六届人大代表。曾获得全国技术能手、全国五一巾帼标兵、吉林省五一劳动奖章、吉林省技术能手等荣誉。

"和人体一样，轨道客车的部件也需要体检，有人形容我们的工作就是给高铁的部件照X光"。利用磁粉、超声波、X射线、渗透等方法，在不破坏工件表面及内部结构的基础上，对高铁的核心部件作出质量评价，这就是王丽萍从事的无损检测工作。23年来，她参与了"和谐号""复兴号"等中国铁路客运大部分主力车型转向架部件的无损检测任务，以零错探、零漏探为中国高铁保驾护航。

刚刚进厂，王丽萍成为了一名车床操作工，连续三年，经她加工的部件返工率为零，这也让企业发现了她具有成为无损检测员的潜质。

"刚从事无损检测工作的时候我心里十分兴奋，看到老师傅手持马蹄形磁粉探伤仪在部件上操作的时候，我想，这也太简单了！"可是当王丽萍拿起仪器开始操作的时候，探伤仪器立刻就被部件吸住了，怎么也拿不起来。经过了这次的狼狈，她才知道仪器的质量、吸力和操作的难度都是非同小可。"看花容易绣花难，老师傅的这句话我一直记在心里。"

从此王丽萍投身于操作技能的磨炼和理论知识的学习。十几斤的马蹄形探头一端就是几个小时，一条焊缝检测动作练习了不下上百次，有时间就自学超声、X射线、数字编程等专业知识，凭借坚韧不拔的钻研精神和孜孜不倦的学习态度，王丽萍熟练地掌握了多种无损检测方法，并且在国家级技能大赛中获得第一名的好成绩。

超声波探伤是无损检测的常用技术之一，超声波束自零件表面通至内部，遇到缺陷或底面时发生反射，形成脉冲波形。由于缺陷的发生位置是随机的，因此回波也没有一定之规。王丽萍要在千变万化的波形中发现异常："有时可能就是一个几毫米的拐点。"

不光要发现问题，还要找准位置。"检测时，我们要在脑子里构建出零件内部的三维结构，然后精确地计算位置。"

从调试设备参数到观察波形，再到计算，王丽萍每个环节都精益求精。23 年来，王丽萍不断钻研无损检测技术，成果丰硕，从一名普通检测员成为行业内知名的高铁转向架无损检测技能专家。

进入 21 世纪，中国轨道交通装备的速度越来越快，智能化水平越来越高，对于质量的管控也越来越严格。"能够精准的发现问题是解决问题的前提，质量检测水平的持续提升也助推着中国高铁制造技术的升级。"王丽萍自豪的说。

作为无损检测领域的资深专家，王丽萍先后带领团队完成技术攻关 50 余项，参与了中国铁路六次大提速主力客车车型的检测工作，在"和谐号""复兴号""京张高铁智能动车组"等中国高铁的质量检测工作中发挥着重要作用。她主持的"转向架横梁组成焊接质量攻关""转向架关键焊缝涡流和超声波检测方法研究"等项目为轨道客车转向架自动化、智能化焊接与无损检测技术的升级和应用做出了重要贡献。

激光电弧复合焊技术是轨道交通装备制造领域的前沿技术。2019 年，在参与项目攻关的过程中，王丽萍带领探伤团队承担焊缝的无损检测任务，通过采用多种检测方法和反复试验，获取了焊缝浅表和内部组织结构的详细探伤数据，为项目组的技术开发和工艺设计提供了大量基础数据和判定依据，最终在激光复合单面焊、双面成形焊接技术上实现突破，使这项高效率、高质量的焊接技术首次在高铁制造领域得到应用。

传承技艺，不断求索。在王丽萍的带动下，许多从事检测工作的同事都燃起了学习技术、钻研技术的热情。"原来我的班组有 25 人，其中只有 5、6 人有技师职称。现在班组同事们学技术、钻研技术的积极性特别高，就连班组的老同志也开始向我请教技术了。"

为了培养更多的无损检测技能人才，同时与研发、工艺部门开展协同创新，中车长客股份公司为王丽萍成立了劳模创新工作室。作为工作室的领头人，王丽萍将自己的知识和经验毫无保留地传授给工作室成员，平均每年开展 200 多课时的培训授课，每次授课她都自己准备课件，每次讲解都结合着她 20 多年来总结的操作经验。2020 年，王丽萍与团队成员共同在中国创新方法大赛中申报 3 项成果，其中一项晋级国家级大赛。

如今她的学生已有百余名，探伤组里还新进了好几名"95 后"，"肯吃苦、学得快、脑子活，我相信这些年轻人不但能把技艺传承好、掌握好，而且将来一定会比我做得更好。"王丽萍欣喜地说。

2023 年 3 月 31 日，由中车长客自主研制的高温超导电动悬浮全要素试验系统完成首次悬浮运行。为了维护超导材料的稳定性，其核心部件高温超导磁体的主体结构必须严格密封，并且能够承受极低的温度。为此，王丽萍团队与研发团队密切配合，针对不同部件的材料和结构，采取了全新的检测方法，确保高温超导磁体的密封结构完全符合要求，助力我国在高温超导电动悬浮领域实现重要技术突破。

从事工作 23 年，5 万余条焊缝的检测，超过 100 万次探伤，零差错。"简单的事情重复做、重复的事情用心做、用心做的事情不出错，这就是我所理解的工匠精神。"王丽萍说。

（摘自中国新闻网，https：//www.hi.chinanews.com.cn/hnnew/2023-03-08/4_163682.html）

任务 5.1　渗透检测基础知识

渗透检测的原理及操作过程

5.1.1　渗透检测的发展

渗透检测（Penetrant Testing，PT）又称渗透探伤，是一种以毛细作用原理为基础的检查表面开口缺陷的无损检测方法。这种检测方法是五种常规无损检测方法中的一种。随着航空工业的发展，特别是非铁磁性材料，如铝合金、镁合金、铁合金等大量使用渗透检测技术得到快速发展。20世纪30年代到40年代初期，把着色染料加到渗透剂中增加了裂纹显示的颜色对比度；把荧光染料加到渗透剂中，在暗室里使用黑光灯观察缺陷显示，显著提高了渗透检测灵敏度，使渗透检测进入新阶段。渗透检测成为检查表面缺陷的主要无损检测方法之一。除表面多孔性材料以外，渗透检测方法几乎可以应用于各种金属、非金属材料以及铁磁性和非铁磁性材料表面开口缺陷检测。其特点是原理简单，操作容易，方法灵活，适应性强，可以检测各种材料，且不受工件几何形状、尺寸大小的影响。对小零件可以采用液浸法，对大设备可采用刷涂或喷涂法，一次检测便可探查任何方向的缺陷。其局限性是只能检测表面开口缺陷，工序较多，检测灵敏度受人为因素的影响较大，不能发现未开口于表面的皮下缺陷、内部缺陷和闭合型表面缺陷。着色渗透检测在特种设备及机械行业里应用广泛。特种设备包括锅炉、压力容器、压力管道等承压设备，以及电梯、起重机械客运索道、大型游乐设施等机电设备。荧光渗透检测在航空、航天、兵器、舰艇和原子能等国防工业领域中应用特别广泛。

5.1.2　表面张力

液体表面张力是两个共存相之间出现的一种界面现象，是液体表面层收缩趋势的表现。体积一定的几何形体中，球体的表面积最小。因此，一定量的液体从其他形状变为球形时就伴随着表面积的减小。由于体系的能量越低越稳定，故液体表面有自动收缩的趋势。另外，液膜也有自动收缩的现象。这些都说明液体表面有收缩到最小面积的趋势，这是液体表面的基本特性。表面张力现象在日常生活中非常普遍，如草叶上的露珠、空气中吹出的肥皂泡等。地球引力使得肥皂泡上方变薄破裂而无法长久存在，而太空中的液体处于失重状态表面张力不仅大显身手，还决定了液体表面的形状。在太空水膜试验中，表面张力使水膜像橡皮膜一样搭在金属环里，并且比地面上形成的水膜面积更大、存在时间更长。同样，由于没有重力影响，航天员向水膜上不断注入水时，这些水就能够均匀分布在水膜周围，逐渐形成水球。

根据力学知识，液体能够从其他形状变为球形是力作用的结果。把这种存在于液体表面，使液体表面收缩的力称为液体的表面张力。表面张力一般用表面张力系数表示。表面张力系数为任一单位长度上收缩表面的力。表面张力系数和液体表面相切且垂直于液体边界，是液体的基本性质之一，单位为N/m液体表面层中的分子一方面受到液体内部分子的吸引力，称为内聚力；另一方面受到其相邻气体分子的吸引力。由于后一种力比内聚力小，因而液体表面层中的分子有被拉进液体内部的趋势。一定成分的液体在一定的温度下有一定的表面张力系数值，不同液体的表面张力系数值是不同的。一般来说，容易挥发的液体比不易挥发的液体的表面张力系数要小，同一种液体高温时比低温时的表面张力系数要小，含有杂质的液体比纯净的液体的表面张力系数值要小。

5.1.3　液体的润湿作用

润湿是固体表面上的气体被液体取代的过程。渗透液润湿金属表面或其他固体材料表面的能力，是判定其是否具有高的渗透性的另一个重要性能。

液体和固体接触时，出现两种不同的情况：一种是如同水滴在无油脂玻璃板上那样沿玻璃面慢慢散开，即液体与固体表面的接触面有扩大的趋势，这是液体润湿固体表面的现象；另一种现象就像水银滴在玻璃上收缩成水银珠那样，即液体与固体表面的接触面有缩小的趋势，这是液体不润湿固体表面的现象。

液体与固体表面接触时发生润湿和不润湿现象，是由液体分子间的引力和液体与固体分子间引力的大小来决定的。前者为液体中的内聚力，后者为液体和固体间的附着力。附着力大于液体分子间的内聚力时，液体沿固体表面扩散开来，发生润湿现象；附着力小于液体分子间的内聚力时，液体表面收缩成球，发生不润湿现象。同一种液体，对不同的固体来说可能是润湿的，也可能是不润湿的。水能润湿无油脂的玻璃，但不能润湿石蜡；水银不能润湿玻璃，但能润湿干净的锌板。

内聚力大的液体，其表面张力系数也大，对固体表面的接触角也大。因此，液体的表面张力与液体对固体表面的接触角成正比，即液体的表面张力系数越大，对同样的固体表面的接触角也越大，反之亦然。

5.1.4　表面活性与表面活性剂

从表面张力这一特性出发，能够改变溶剂表面张力的性质称为表面活性，一般特指降低溶剂表面张力，具有降低溶剂表面张力特性的物质称为表面活性物质，而将随其浓度增加可使溶剂表面张力急剧下降的表面活性物质称为表面活性剂。

表面活性剂可分为离子型表面活性剂和非离子型表面活性剂，渗透检测中常用的为非离子型表面活性剂。非离子型表面活性剂具有良好的渗透检测适用性，在水溶液中不电离，稳定性好，不易受酸、碱及一些无机盐类的影响，在水和有机溶剂中都有较好的溶解度，由于在溶液中不电离，所以在一般固体表面不会发生强烈的吸附现象。

表面活性剂是否溶于水，即亲水性大小是一项非常重要的指标。非离子型表面活性剂的亲水性可用亲水基的相对分子量来表示，称为亲憎平衡值（H. L. B 值）。

$$H.L.B = \frac{亲水基部分的相对分子质量}{表面活性剂的相对分子质量 \times 20}$$

H. L. B 值在 11~15 范围内的乳化剂，既有乳化作用又有洗涤作用，是比较理想的去除剂。

5.1.5　毛细现象

5.1.5.1　渗透与毛细现象

渗透过程中，渗透液对受检表面开口缺陷的渗透作用，实质上是液体与开口缺陷之间的毛细作用。可将零件表面的开口缺陷看作毛细管或毛细缝隙。由于所采用的渗透液都是能润湿零件的，因此渗透液在毛细作用下能渗入表面缺陷中。例如，渗透液对表面点状缺陷（如气孔、砂眼等）的渗透类似于渗透液在毛细管内的毛细作用，渗透液对表面条状缺陷（如裂纹、夹渣、分层等）的渗透类似于渗透液在间距很小的两平行板间的毛细作用。渗透过程的毛细现象称为第一次毛细，如图 5-1 所示。

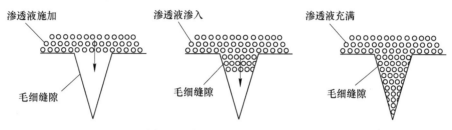

图 5-1　渗透过程中的毛细现象

5.1.5.2　显像与毛细现象

显像是利用显像剂吸附开口缺陷中的渗透剂，由于开口缺陷中渗透剂与显像剂间的毛细作用，渗透剂回渗到受检工件表面，形成一个肉眼可见的缺陷显示。显像剂的显像过程同渗透剂的渗透过程一样，也是由于毛细现象。显像剂是一种细微粉末，显像剂微粉之间形成很多半径很小的毛细管，这种粉末又能被渗透剂所润湿，所以渗透液从缺陷中回渗到显像剂中形成缺陷显示痕迹。显像过程的毛细现象称为第二次毛细，如图 5-2 所示。

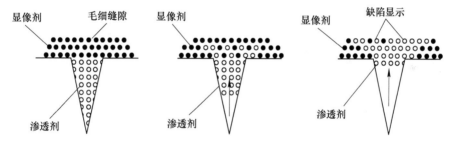

图 5-2　显像过程中的毛细现象

5.1.6　吸附现象

吸附现象是指固体表面上的原子或分子的力场不饱和而吸引其他分子的现象。它是固体表面最重要的性质之一。固体表面不易收缩（扩张）变形，因此固体的表面张力难以测定而任何表面都有自发降低表面能的倾向，固体难以改变表面形状来降低表面能，因此只有依靠降低界面张力来降低表面能，这就是固体表面能产生吸附的根本原因。被吸附的物质称为吸附质，能吸附别的物质的物质称为吸附剂。吸附质可以是气体或液体。

渗透检测中的吸附现象主要有以下几种：

（1）显像剂粉末将缺陷中的渗透剂吸附出来。吸附属于放热过程，因此如果显像剂中含有易挥发的溶剂，将促进吸附渗透剂，提高显像灵敏度。

（2）自乳化或后乳化渗透法，表面活性剂吸附在渗透剂–水界面，降低了界面张力，使工件表面多余的渗透剂得以顺利清洗。

（3）渗透剂在渗透过程中与工件及其中缺陷的表面接触，也有吸附现象，因此提高工件及其中缺陷对渗透剂的吸附性，有利于提高检测灵敏度。

（4）渗透检测全过程所发生的吸附现象，主要是物理吸附。

5.1.7 溶解现象

一种物质（溶质）均匀地分散于另一种物质（溶剂）中的过程叫溶解，所组成的均匀物质叫溶液。大部分渗透剂是溶液，其中的着色（荧光）染料是溶质，煤油、苯、二甲苯是溶剂。溶解现象包括溶解和结晶两个过程，当渗透剂中溶质的浓度增加到一定程度时，结晶的速度等于溶解的速度，渗透剂中建立动态平衡：溶解速度＝结晶速度。溶解度对于渗透检测的意义在于溶解度越高，则同样体积的溶剂中，含有的染料越多；在同样的光照度下，染料吸收的能越多，则发射出来的荧光越强，就越易于发现缺陷。所以，在研制渗透液配方时，选择理想的着色（荧光）染料及溶解该染料的理想的溶剂，使其染料在溶剂中溶解度较高，对提高渗透检测灵敏度有重要的意义。

着色（荧光）强度一般随渗透液浓度的提高而变大，着色（荧光）强度越强，越易于发现细小缺陷。

任务 5.2 渗透检测原理及特点

5.2.1 渗透检测原理

渗透检测是基于液体的毛细作用（或毛细现象）以及固体染料在一定条件下的发光现象来完成对工件表面开口缺陷的检测。

渗透液由于润湿作用和毛细现象而进入被检对象表面开口缺陷中，随后被吸附和显像。渗透作用的深度和速度与渗透液的表面张力、黏度、内聚力、渗透时间、材料表面状况、缺陷的大小及类型等因素有关。

渗透检测的基本工作原理是：在被检工件表面覆有颜色或荧光物质且具有高渗透能力的渗透剂后，在液体对固体表面的润湿作用和毛细作用下，经过一定时间，使渗透液渗入到工件表面的开口缺陷中，然后去除工件表面上多余的渗透液（保留渗透到表面缺陷中的渗透液），经干燥后，再在工件表面涂上一层显像剂，缺陷中的渗透液在毛细管作用下，将重新被吸到工件的表面，从而形成缺陷的痕迹。在一定的光源下（黑光用于荧光渗透液、白光用于着色渗透液），缺陷处的渗透液痕迹被显示，通过观察缺陷痕迹颜色或荧光图像对缺陷性质作出评定，如图 5-3 所示。

5.2.2 渗透检测的特点

渗透检测是一种检测材料（或零件）表面或近表面开口缺陷的无损检测技术。

渗透检测的特点主要包括以下几个方面：

（1）它几乎不受被检部件的形状、大小、组织结构、化学成分和缺陷方位的限制，可广泛适用于锻件、铸件、焊接件等各种加工工艺的质量检验，以及金属、陶瓷、玻璃、塑料、粉末冶金等各种材料制造的零件的质量检测。

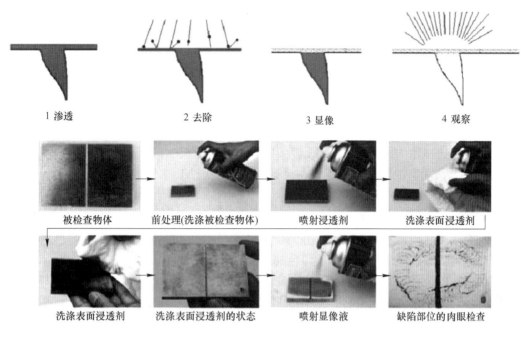

图 5-3　渗透检测原理

（2）灵敏度高。可清晰地显示宽 0.5 μm、深 10 μm、长 1 mm 的裂纹。

（3）设备简单、携带方便、检测费用低、适于野外工作。

（4）渗透检测受被检物体表面粗糙度的影响较大，不适于检查多孔性或疏松材料制成的工件或表面粗糙的工件。

（5）只能检测表面开口缺陷。

（6）只能检出缺陷表面分布，不能定量。

任务 5.3　渗透检测设备及器材

渗透检测系统主要包括渗透检测剂、标准试片、检测光源、测量设备和辅助器材等。而渗透检测剂由渗透剂、去除剂和显像剂组成。

5.3.1　渗透剂

5.3.1.1　理想渗透剂的性能

渗透剂是一种含有着色染料或荧光染料且具有很强的渗透能力的溶液，它能渗入表面开口的缺陷并被显像剂吸附出来，以适当的方式显示缺陷的痕迹。渗透剂是渗透检测中最关键的材料，它的性能直接影响检测的灵敏度。

理想的渗透剂应具备如下性能：

（1）渗透能力强，能轻易地渗入到工件表面细微的缺陷中。

（2）具有适当的黏度，能较好地停留在缺陷中，即使在浅而宽的开口缺陷中也不易被清洗出来。

（3）洗涤性能好，工件表面残留的渗透剂容易被清洗掉。

（4）挥发性不能太高，否则会使残留渗透剂很快干在工件表面上，给清洗带来困难。

（5）具有良好的润湿显像剂的能力，容易从缺陷中被显像剂吸附到工件表面，而将缺陷显示出来。

（6）荧光渗透剂应具有足够的亮度，鲜明的荧光，着色渗透剂应具有鲜艳的颜色，去除性能好，容易从工件表面去除。

（7）稳定性能好，在曝光（或黑光）与热作用下材料成分和荧光亮度或色泽仍能维持较长时间的物理化学稳定性，不易分解，不混浊、不沉淀，闪点高，不易着火。

（8）无毒、无腐蚀性，对人体无害，不污染环境，对工件和设备无腐蚀性。

（9）价格便宜。

5.3.1.2　渗透剂的分类

渗透剂按所含染料成分不同，可分为荧光渗透剂、着色渗透剂和荧光着色渗透剂 3 大类。有时也将其分别简称为荧光剂、着色剂和荧光着色剂。每一类又分为水洗型、后乳化型和溶剂去除型 3 种。此外，还有一些特殊用途的渗透剂。

荧光渗透剂中含有荧光染料，只有在黑光照射下，缺陷图像才能被激发出黄绿色荧光，所以要在暗室内黑光下观察缺陷图像。着色渗透剂中含有红色染料，缺陷显示为红光，可在白光或日光照射下观察缺陷图像。荧光着色渗透剂中含有特殊染料，缺陷图像在白光或日光照射下显示为红色，在黑光照射下显示为黄绿色荧光。

按渗透剂中溶解染料的基本溶剂不同，可将渗透剂分为水基渗透剂与油基渗透剂两大类。水基渗透剂以水作为溶剂，水的渗透能力很差，但是加入特殊的表面活性剂后，水的表面张力降低，润湿能力提高，渗透能力大大提高。油基渗透剂中基本溶剂是"油"类物质如航空煤油、灯用煤油、L-AN5 和 200 号溶剂汽油等。油基渗透剂渗透能力很强，检测灵敏度较高。水基渗透剂与油基渗透剂相比，润湿能力仍然较差，渗透能力仍然较低，因此检测灵敏度也较低。

按多余渗透剂的去除方法不同，可将渗透剂分为水洗型渗透剂、后乳化型渗透剂和溶剂去除型渗透剂 3 大类。

水洗型渗透剂分为两种，一种是以水为基本溶剂的水基渗透剂，使用这种渗透剂时，可以直接用水清洗去除工件表面多余的渗透剂，另一种是以油为基本溶剂的油基渗透剂，加入乳化剂成分而组成自乳化型渗透剂。自乳化型渗透剂遇水时，其中乳化剂成分会发生乳化作用。所以工件表面多余的渗透剂也可以直接用水清洗去除。

后乳化型渗透剂中不含有乳化剂成分，工件表面多余的渗透剂需要用乳化剂乳化后才能用水清洗去除。根据乳化形式不同，后乳化型渗透剂可以分为亲油型后乳化渗透剂和亲水型后乳化渗透剂。

溶剂去除型渗透剂可用有机溶剂将工件表面多余的渗透剂去除。

按渗透检测灵敏度水平不同，可将渗透剂分为很低灵敏度渗透剂、低灵敏度渗透剂、中灵敏度渗透剂、高灵敏度渗透剂和超高灵敏度渗透剂 5 类。水洗型荧光渗透剂通常有低、中与高灵敏度渗透剂 3 类产品，后乳化型荧光渗透剂通常有中、高与超高灵敏度渗透剂 3 类产品，着色渗透剂通常有低、中灵敏度渗透剂两类产品。

按照渗透剂与受检材料的相容性，可将渗透剂分为与液氧相容渗透剂和低硫、低氨渗透剂等几种类别。

与液氧相容渗透剂用于与氧气或液态氧接触工件的渗透检测，在液态氧存在的情况下，该类渗透剂不与其发生反应，呈现良好的化学稳定性。低硫渗透剂专门用于镍基合金材料的渗透检测，该类渗透剂不会对镍基合金材料产生破坏作用。低氯、低氟渗透剂专门用于铁合金及奥氏体不锈钢材料的渗透检测，该类渗透剂不会对钛合金及奥氏体不锈钢产生腐蚀破坏作用。

5.3.1.3　渗透剂的组成及特点

水洗型着色渗透剂包括水基型着色渗透剂和自乳化型着色渗透剂。

水基型着色渗透液以水作为渗透溶剂，在水中溶解染料，可直接用水清洗。价格便宜、易清洗、安全无毒、不可燃、不污染环境。但其渗透能力差，检测灵敏度低，检测对灵敏度要求不高，渗透液与工件发生反应而破坏工件及同油类接触易爆炸的部件。

自乳化型着色渗透剂由油基溶剂、互溶剂、红色染料、乳化剂等组成。渗透能力强，灵敏度比水基着色渗透液高，成本低，本身含有乳化剂，可以直接用水清洗，也因此称为水洗型着色渗透液。但易吸收空气中的水分产生浑浊、沉淀。

后乳化型着色渗透剂基本成分为油基渗透溶剂、互溶剂、染料、增光剂、润湿剂等。渗透能力强，灵敏度高，毒性低，不含乳化剂因而不能直接用水清洗，需经过乳化工序后才能用水清洗。但不适于检测表面粗糙、有盲孔或带螺纹的工件检验，渗透液中乙酸乙酯有难闻的刺激性气味。适于检查浅而细微的表面缺陷。

溶剂去除型着色渗透剂基本成分是红色染料、油性溶剂、互溶剂润湿剂等。着色渗透能力强，用丙酮等有机溶剂直接清洗，灵敏度较高。常装在喷罐中，与清洗剂、显像剂配套出售。适于大型工件的局部检测和无电无水的野外作业，但检查成本高，效率低，有毒性。

水洗型荧光渗透液包括水基型荧光渗透剂和自乳化型荧光渗透剂。

水基型荧光渗透剂基本成分是荧光染料和水，特点及适用范围与水基型着色渗透液基本相同，但灵敏度高。

自乳化型荧光渗透剂基本成分是荧光染料、油性溶剂、渗透溶剂、乳化剂等。渗透能力强，可直接用水冲洗，成本低，检测灵敏度高。

后乳化型荧光渗透剂基本成分为荧光染料、油性溶剂、渗透溶剂、互溶剂、润湿剂等。缺陷中的渗透液不易清洗，所含溶剂的比例比自乳化型荧光渗透液高，目的在于溶解更多的染料。密度比水小，抗水污染能力强，不受酸或碱的影响。检测灵敏度高，特别适于检测浅而细微的表面缺陷，适用于要求较高的工件检测，同样要求工件表面光洁、无盲孔和螺纹等。

溶剂去除型荧光渗透剂基本成分为荧光染料、油性溶剂、渗透剂、增光剂等。直接用有机溶剂清洗，灵敏度较高，可用于无水的地方检验。

着色荧光渗透剂在灯光下或日光下呈暗红色，在紫外灯下发出明亮的荧光。它是由特殊的染料、溶剂、渗透剂及某些附加成分组成，并不是着色染料与荧光染料混在一起。

5.3.1.4　其他渗透剂

化学反应渗透剂将无色或淡黄色的染料溶解在无色的溶剂中形成。这种渗透液在与配套的无色显像剂接触时会发生化学反应，产生鲜艳的颜色，在紫外灯照射下发出明亮的荧光，从而形成清晰的缺陷显示。

化学反应型渗透剂缺陷显示清晰，不污染操作者的衣服及皮肤，也不会污染零件和工作场地，冲洗出的废水也是无色的，避免了颜色污染。

过滤型微粒渗透剂是一种悬浮液，将粒度大于裂纹宽度的染料悬浮在溶剂中配制而成。当渗透液流进裂纹时，染料微粒不能流进裂纹，微粒就会聚集在开口的裂纹处，提供裂纹显示的信息。微粒可根据实际需要进行选择着色或荧光的。不需显像剂。染料微粒必须适当。

5.3.1.5　渗透剂的选择原则

渗透剂的选择原则：

（1）灵敏度满足探伤要求。

（2）渗透剂对被检工件无腐蚀。

（3）价格低，毒性小，易清洗。

（4）化学稳定性好，能长期使用。

（5）使用安全，不易着火。

5.3.2　去除剂

在渗透检测中，用来去除工件表面多余渗透剂的溶剂叫做去除剂。

水洗型渗透剂直接用水清洗去除，水就是一种去除剂。溶剂去除型渗透剂采用有机溶剂去除，这些有机溶剂就是去除剂。它们应对渗透剂中的染料（红色染料、荧光染料）有着较大的溶解度，对渗透剂中溶解染料的溶剂有着良好的互溶性，并有一定的挥发性，应不与荧光剂起化学反应，不猝灭荧光。通常采用的去除剂有煤油、乙醇、丙酮、三氯乙烯等。后乳化型渗透剂是在乳化后再用水去除，它的去除剂是乳化剂和水。

5.3.2.1　乳化剂

乳化剂是指能够使不相溶的液体混合成稳定乳化液的表面活性剂。在渗透检测中主要用于乳化不溶于水的后乳化型渗透剂，使其便于用水清洗。也可作为油基水洗型渗透剂的主要成分，故油基水洗型渗透剂又被称为自乳化型渗透剂。把油和水一起倒进容器中，使油分散在水中，形成乳浊液，由于体系的表面积增加，虽然能暂时混合，但体系很不稳定，稍加静置仍会出现明显的分层现象。如果在溶剂中加入少量的表面活性剂，如加入肥皂或洗涤剂，再经搅拌混合后，可形成稳定的乳浊液，这就是表面活性剂的乳化作用。表面活性剂的分子具有亲水基和亲油基两个基团，两个基团共同发生作用。具有防止油和水相排斥的功能，故表面活性剂具有将油和水两相连接起来不使其分离的特殊功能。

对乳化剂的性能要求：乳化效果好，化学性质稳定，具有良好的洗涤作用，以及高的闪点和低的蒸发速度，对工件无腐蚀，对人体无害，颜色与渗透液有明显区别，凝胶作用强，便于清洗，抗污染能力强。

渗透检测中，一般乳化剂都是渗透剂生产厂家根据渗透剂的特点配套生产的，应根据 H. L. B 值及工件的材质、检验要求、渗透剂的类型合理选用。

5.3.2.2　溶剂去除剂

按照溶剂去除剂与受检材料的相容性，可将溶剂去除剂分为卤化型溶剂去除剂、非卤化型溶剂去除剂和特殊用途溶剂去除剂。非卤化型溶剂去除剂中，卤族元素，如氯、氟元素的质量分数必须严格控制，一般要求<1%，主要用于奥氏体钢和铁合金材料的检测。

5.3.3　显像剂

5.3.3.1　显像剂的作用

显像剂是渗透检测中又一关键材料，它的主要作用是：

（1）通过毛细作用将缺陷中渗透剂吸附到工件表面上，形成缺陷显示。

（2）将形成的缺陷显示在被检表面上，以缺陷所在位置为中心横向向外扩展，并形成足以用肉眼观察到的放大显示。

（3）提供与缺陷显示较大反差的背景，以利于操作者观察，提高检测灵敏度。

5.3.3.2　显像剂的组成

（1）吸附剂。白色的无机粉末，能吸附在工件表面上，如钛白、锌白、镁白等。

（2）溶剂。悬浮吸附剂，如丙酮、二甲苯、水等。

（3）限制剂。限制缺陷图像扩大，提高分辨力。

（4）附加成分。润湿剂、防锈剂、分散剂、稀释剂。

根据显像液的使用方式不同将其分为干式、湿式、速干式显像剂3种。干式显像液只含有吸附剂，是一种白色的显像粉末，常与荧光渗透液配合作用。湿式显像剂由吸附剂、悬浮剂、限制剂、润湿剂、防锈剂等组成。清洗方便，不可燃，使用安全，成本低，灵敏度比干式高。速干式显像液由吸附剂、悬浮剂、限制剂等组成，要求悬浮剂挥发性好，以缩短显像时间。

自显像时不使用显像剂，干式显像剂实际就是微细白色粉末，又称干粉显像剂。湿式显像剂有水悬浮显像剂（白色显像粉末悬浮于水中）、溶剂悬浮显像剂（白色显像粉末悬浮于有机溶剂中）以及塑料薄膜显像剂（白色显像粉末悬浮于树脂清漆中）几类。

此外，还有化学反应显像液。

湿式显像剂又分为水悬浮型显像剂、溶剂悬浮型湿显像剂、水溶性显像剂和溶液型湿显像剂等。

5.3.3.3　显像剂的性能

理想的显像剂应具备如下性能：

（1）吸附能力要强，吸附速度要快，能很容易地被缺陷处的渗透剂润湿并吸出足量的渗透剂。

（2）显像剂粉末颗粒细微，对工件表面有一定的黏附力，能在工件表面形成均匀的薄覆盖层，将缺陷显示的宽度扩展到足以用肉眼观察到的程度。

（3）用于荧光法的显像剂应不发光，也不应有任何减弱荧光的成分，而且不应吸收黑光。

（4）用于着色法的显像剂应与缺陷显示形成较大的色差，以保证最佳对比度。

（5）对着色染料无消色作用，对被检工件和存放容器无腐蚀。

（6）无毒，无异味，对人体无害，使用方便，价格便宜。

（7）检验完毕后易于从被检工件上清除。

5.3.3.4　渗透检测剂的选择

渗透检测剂是渗透剂、去除剂和显像剂的总称，原则上必须采用同一厂家提供的、同族组的产品，不同族组的产品不能混用，否则，可能出现渗透剂、去除剂和显像剂等材料各自都符合规定要求，但它们之间不兼容，最终使渗透检测无法进行的情况。如果确需混用，则必须通过验证，确保它们能相互兼容且有所要求的检测灵敏度。

渗透检测剂的选择原则如下：

（1）同族组要求。渗透检测剂应同族同组。

（2）灵敏度应满足检测要求。不同的渗透检测材料组合系统，其灵敏度不同，一般后乳化型灵敏度比水洗型高，荧光渗透剂灵敏度比着色渗透剂高。在检测中，应按被检工件灵敏度要求来选择渗透检测材料组合系统。当灵敏度要求高时，例如疲劳裂纹、磨削裂纹或其他细微裂纹的检测，可选用后乳化型荧光渗透检测系统。当灵敏度要求不高时，例如铸件，可选用水洗型着色渗透检测系统。应当注意：检测灵敏度越高其检测费用也越高。因此，从经济上考虑，不能片面追求高灵敏度检测，只要灵敏度能满足检测要求即可。

（3）根据被检工件状态进行选择。对表面光洁的工件，可选用后乳化型渗透检测系统；对表面粗糙的工件，可选用水洗型渗透检测系统。对大工件的局部检测，可选用溶剂去除型着色渗透检测系统。

（4）在灵敏度满足检测要求的条件下，应尽量选用价格低、毒性小、易清洗的渗透检测材料组合系统。

（5）渗透检测材料组合系统对被检工件应无腐蚀。如铝、镁合金不宜选用碱性渗透检测材料，奥氏体不锈钢、钛合金等不宜选用含氟、氯等卤族元素的渗透检测材料。

（6）化学稳定性好，能长期使用，受到阳光照射或遇高温时不易分解和变质。

（7）使用安全，不易着火。如盛装液氧的容器不能选用油基渗透剂，而只能选用水基渗透剂，因为液氧遇油容易引起爆炸。

渗透检测剂的氯、硫、氟含量的测定要求：取渗透检测剂试样 100 g，放在直径 150 mm 的表面蒸发皿中沸水浴加热 60 min，进行蒸发。残余物的质量应小于 5 mg。

渗透检测剂应根据承压设备的具体情况进行选择。对同一检测工件，一般不应混用不同类型的渗透检测剂。

5.3.4　黑光灯

黑光灯也称水银石英灯，是荧光检测的必备装置，它由高压水银蒸气弧光灯、紫外线滤光片和镇流器组成。

黑光灯的紫外线波长应在 315～400 nm 的范围内，峰值波长为 365 nm。黑光灯的电源电压波动大于 10%时应安装电源稳压器。

5.3.5　黑光辐照度计

黑光辐照度计用于测量黑光辐照度，其紫外线波长应在 315～400 nm 的范围内，峰值波长为 365 nm。

5.3.6　荧光亮度计

荧光亮度计用于测量渗透剂的荧光亮度，其波长应在 430~600 nm 的范围内，峰值波长为 500~520 nm。

5.3.7　光照度计

光照度计用于测量可见光照度。

5.3.8　渗透检测试块

渗透检测灵敏度指在工件或试块表面上发现微细裂纹的能力，试块是指带有人工缺陷或自然缺陷的器件，用来衡量渗透检测的灵敏度的器材。

渗透检测试块的主要作用有 3 个：一是灵敏度试验，用于评价所使用的渗透检测系统和工艺的灵敏度及其渗透液的等级。二是工艺性试验，用于确定渗透检测的工艺参数，如渗透时间、温度，乳化时间、温度，干燥时间、温度等。三是渗透检测系统的比较试验，在给定的检测条件下，通过使用不同类型的检测剂和工艺检测并进行结果比较，以确定不同渗透检测系统的相对优劣。

常用到的试块主要有铝合金淬火裂纹试块、不锈钢镀铬裂纹试块、黄铜镀铬裂纹试块以及其他灵敏度试块。

5.3.8.1　铝合金淬火裂纹试块

铝合金淬火裂纹试块也称 A 型对比试块。A 型试块分为分体式 A 型试块和一体式 A 型试块两种，其形状和尺寸，如图 5-4 所示，试块由同一试块剖开后具有相同大小的两部分组成，并打上相同的序号，分别以 A、B 记号，A、B 试块上均应有细密相对称的裂纹图形，可用于渗透检测剂的性能测试与检测灵敏度的比较。测试过程中，将标准检测方法用于 A 部分，将拟定的检测方法用于 B 部分，比较两部分的裂纹显示，从而对拟定的检测方法进行评价。

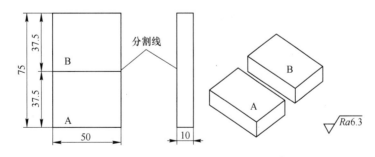

图 5-4　铝合金淬火裂纹试块

铝合金试块主要用于以下两种情况：

（1）在正常使用情况下，检验渗透检测剂能否满足要求，以及比较两种渗透检测剂性能的优劣。

（2）对用于非标准温度下的渗透检测方法作出鉴定。

5.3.8.2　不锈钢镀铬裂纹试块

不锈钢镀铬裂纹试块又称 B 型试块，主要用于校验操作方法与工艺系统的灵敏度。测试过程中，在 B 型试块上，按预先规定的工艺程序进行渗透检测，再把实际的显示图像与标准工艺图像的复制品或照片相比较，从而评定操作方法正确与否，确定工艺系统的灵敏度。B 型试块有很多种型式，常用的主要有三点式 B 型试块和五点式 B 型试块，如图 5-5、图 5-6 所示。

将一块材料为 S30408 或其他不锈钢板材加工成尺寸如图 5-5 所示试块，在试块上单面镀铬，镀铬层厚度不大于 150 μm，表面粗糙度 $Ra = 1.2 \sim 2.5$ μm，在镀铬层背面中央选相距约 25 mm 的 3 个点位，用布氏硬度法在其背面施加不同负荷，在镀铬面形成从大到小、裂纹区长径差别明显、肉眼不易见的 3 个辐射状裂纹区，按大小顺序排列区位号分别为 1、2、3。裂纹尺寸分别见表 5-1。

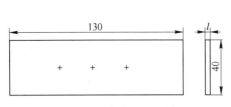

图 5-5　三点式 B 型试块

l—试块厚度 3~4 mm

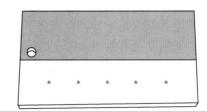

图 5-6　五点式 B 型试块

表 5-1　三点式 B 型试块表面的裂纹区长径

裂纹区次序	1	2	3
裂纹区长直径/mm	3.7~4.5	2.7~3.5	1.6~2.4

镀铬试块主要用于检验渗透检测剂系统灵敏度及操作工艺正确性。制作简单，重复性好，裂纹深度可控，但不便于比较。

5.3.8.3　黄铜板镀镍铬层裂纹试块（C 型）

制作：100 mm×70 mm×4 mm 毛坯→磨光→镀镍→镀铬→反复弯曲→平行分布的疲劳裂纹→开槽，如图 5-5 所示。

裂纹等级：0.5~2 μm 宽，2~50 μm 深的不同的裂纹。

作用：系统性能检测和确定灵敏度的有效工具（图 5-7）。

5.3.8.4　其他灵敏度试块

吹砂钢试块：100 mm×50 mm×10 mm 的退火不锈钢制成，一面用 100 目的砂子进行吹打成毛面状态，主要用于校验去除工件表面对于渗透液的工艺方法是否妥当。

陶器试块：不上釉的陶器圆盘片，主要用于比较两种过滤性微粒渗透液的性能。

此外，还有自然缺陷试块。

5.3.8.5　试块使用注意事项

试块使用注意事项：

（1）着色渗透检测用的试块不能用于荧光渗透检测，反之亦然。

（2）发现试块有阻塞或灵敏度有所下降时，应及时修复或更换。

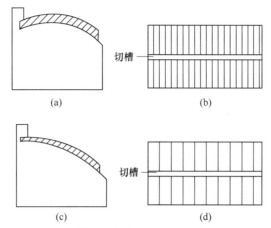

图 5-7　黄铜板镀镍铬层裂纹及弯曲夹具

（a）圆柱面夹具；（b）等距离分布裂纹；（c）非圆柱面夹具；（d）由密到疏排列裂纹

（3）试块使用后要用丙酮进行彻底清洗，清除试块上的残留渗透检测剂。清洗后，再将试块放入装有丙酮或者丙酮和无水酒精的混合液体（体积混合比为 1∶1）密闭容器中浸渍 30 min，干燥后保存，或用其他有效方法保存。

（4）使用新的渗透检测剂、改变或替换渗透检测剂类型或操作规程时，实施检测前应用镀铬试块检验渗透检测剂系统灵敏度及操作工艺正确性。

（5）一般情况下每周应用镀铬试块检验渗透检测剂系统灵敏度及操作工艺正确性。检测前检测过程或检测结束认为必要时应随时检验。

5.3.9　渗透检测设备

渗透检测设备一般可分为 4 类，即固定式、便携式、自动式及专业化渗透检测装置。

5.3.9.1　固定式渗透检测装置

固定式渗透检测装置由渗透槽、乳化槽、清洗槽、干燥箱、显像槽及检查台等组成。根据被检工件的大小、数量和现场情况，可把上述各个单元都固定在一个统一体内（称为整体型），或者根据需要变更其配置进行重新组合（称为分离型）。整体型渗透检测装置（图 5-8）适用于小型工件的检测；分离型渗透检测装置（图 5-9）适用于大型工件的检测。

图 5-8　整体型渗透检测装置

1—渗透；2—乳化；3—滴落；4—水洗；5—干燥；6—显像；7—检验

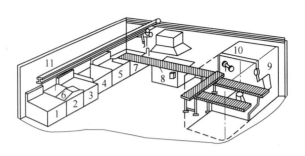

图 5-9　分离型渗透检测装置

1—渗透槽；2—低落槽；3—乳化槽；4—水洗槽；5—显像槽；

6，7—滴落板；8—传输带；9—观察室；10—黑光灯；11—吊轨

组成：预清洗装置、渗透装置、乳化装置、显像装置、干燥装置和后处理装置等。

使用要求：

（1）预清洗装置所使用的液体对人体无害，禁止烟火。

（2）采用荧光法检测时，必须有暗室，备有便携式黑光灯。

5.3.9.2　便携式渗透检测装置

便携式渗透检测装置也称为便携式压力喷罐装置，它是由渗透液喷罐、清洗剂喷罐、显像剂喷罐、擦布（纸巾）、灯、毛刷、金属刷等组成的。通常将它们装在一个箱子里，称为便携式渗透检测箱（图 5-10），由于体积小、质量轻、便于携带，故适用于现场检测和大工件的局部检测。

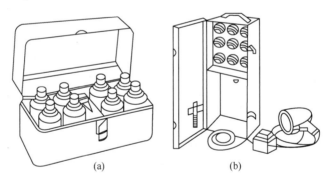

图 5-10　便携式渗透检测箱

（a）便携式着色箱；（b）便携式荧光箱

组成：渗透液喷罐、清洗剂喷罐、显像剂喷罐、灯、毛刷、金属刷。渗透液喷罐内还装有气雾剂。

使用要求：必须远离火源、热源、不能暴晒；喷嘴应与工件表面保持一定距离；遗弃空罐时必须破坏其密封性。

压力罐结构，如图 5-11 所示，检测时在其中装入被喷涂的材料（渗透剂或清洗剂、显像剂）和能在常温下产生压力的气溶胶或雾化剂。当按下喷罐上的喷嘴时，可使喷涂液呈雾状喷射出来。使用压力罐操作简单易行，尤其适用于高空野外等场所。

用于观察缺陷的照明装置由白光灯（用于着色法检测）或黑光灯（用于荧光法检测）

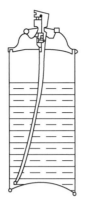

图 5-11 压力罐结构

组成。黑光灯一般采用水银石英灯，为了延长其使用寿命，检测时，要尽量减少不必要的开关次数。黑光灯的发光强度可以通过直接测量或间接测量的方法，用紫外线强度或黑光照度计进行测量。

5.3.9.3 自动化渗透检测装置

国外已研制出许多自动化荧光渗透检测装置，即将被检工件传送到每个工序进行自动化操作，最后在黑光下用光导摄像管扫描，实现缺陷的自动辨认。有时也需要将工件处于应力状态下（或其他负载下）进行渗透检测，这时除了一般的检测装置外，还需附加一套给工件加载的装置，这类设备称为专业化渗透检测设备。

任务 5.4 渗透检测方法分类及选用

5.4.1 渗透检测方法

（1）按渗透剂所含染料成分可将渗透检测方法分为着色渗透检测法（着色法）、荧光渗透检测法（荧光法）和荧光着色渗透检测法（荧光着色法）3 大类。

渗透剂内含有荧光物质，其缺陷图像在紫外线下能激发荧光的检测法称为荧光法。

渗透剂内含有有色染料，其缺陷图像在白光或日光下显色的检测法即为着色法。

荧光着色法兼备荧光和着色两种方法的特点，其缺陷图像在白光或日光下能显色，在紫外线下又能激发出荧光。

（2）按渗透剂去除方法可将渗透检测分为水洗型、后乳化型和溶剂去除型渗透检测法。

水洗型渗透法的渗透剂内含有一定量的乳化剂，工件表面多余的渗透剂可直接用水洗掉。有的渗透剂虽不含乳化剂，但溶剂是水，即水基渗透剂，工件表面多余的渗透剂也可以直接用水洗掉，它也属于水洗型渗透法。

后乳化型渗透法的渗透剂不能直接用水从工件表面洗掉，必须增加一道乳化工序，即主件表面上多余的渗透剂要用乳化剂乳化后方能用水洗掉。

溶剂去除型渗透法是用有机溶剂去除工件表面多余的渗透剂。

（3）按显像剂的状态不同，可分为干式显像法、湿式显像法。渗透检测方法详见表 5-2。

干式显像法是以白色微细粉末作为显像剂，涂覆在清洗并干燥后的工件表面上。

湿式显像法是将显像粉末悬浮于水中（水悬浮显像剂）或溶剂中（溶剂悬浮显像剂），也可将显像粉末溶解于水中（水溶性显像）。

此外也有不使用显像剂实现自显像的。

表 5-2　渗透检测方法

渗透剂		渗透剂的去除		显像剂	
分类	名称	分类	名称	分类	名称
I	荧光渗透检测	A	水洗型渗透检测	a	干粉显像剂
		B	亲油型后乳化渗透检测	b	水溶解显像剂
II	着色渗透检测			c	水悬浮显像剂
		C	溶剂去除型渗透检测		
III	荧光着色渗透检测			d	溶剂悬浮显像剂
		D	亲水型后乳化渗透检测	e	自显像剂

注：渗透检测方法代号示例，II C-d 为溶剂去除型着色渗透检测（溶剂悬浮显像剂）。摘自《承压设备无损检测　第 5 部分：渗透检测》（NB/T 47013. 5—2015）。

5. 4. 2　渗透检测方法的选用

渗透检测方法的选用，首先应满足检测缺陷类型和灵敏度的要求。在此基础上，可根据被检工件表面粗糙度、检测批量大小和检测现场的水源、电源等条件来决定。

对于表面光洁检测灵敏度要求高的工件，宜采用后乳化型着色法或后乳化型荧光法，也可采用溶剂去除型荧光法。

对于表面粗糙且检测灵敏度要求低的工件宜采用水洗型着色法或水洗型荧光法。

对现场无水源、电源的检测宜采用溶剂去除型着色法。

对于批量大的工件检测，宜采用水洗型着色法或水洗型荧光法。

对于大工件的局部检测，宜采用溶剂去除型着色法或溶剂去除型荧光法。

荧光法比着色法有较高的检测灵敏度。

5. 4. 3　检测时机

除非另有规定，焊接接头的渗透检测应在焊接完工后或焊接工序完成后进行。对有延迟裂纹倾向的材料，至少应在焊接完成 24 h 后进行焊接接头的渗透检测。

任务 5.5　渗透检测工艺操作步骤

根据不同类型的渗透剂、不同的去除表面多余渗透剂的方法以及不同的显像方式，可以组合成多种不同的渗透检测方法。这些方法间虽然存在着若干差异，但都是按照一定的基本步骤进行操作的。

渗透探伤的一般工艺过程是预处理、施加渗透剂、乳化处理、去除多余渗透剂、干燥处理、施加显像剂、观察及评定、后处理、记录与报告。

5.5.1 预处理

工件被检表面不得有影响渗透检测的铁锈、氧化皮、焊接飞溅、铁屑、毛刺以及各种防护层；被检工件机加工表面粗糙度 $Ra \leqslant 25\ \mu m$，被检工件非机加工表面的粗糙度可适当放宽但不得影响检测结果；局部检测时，准备工作范围应从检测部位四周向外扩展 25 mm。

检测部位的表面状况在很大程度上影响着渗透检测的检测质量。因此在进行表面清理之后，应进行预清洗，以去除检测表面的污垢。清洗时，可采用溶剂、洗涤剂等进行。铝、镁、钛合金和奥氏体钢制零件经机械加工的表面，如确有需要，可先进行酸洗或碱洗，然后再进行渗透检测。清洗后，检测面上遗留的溶剂和水分等必须干燥，且应保证在施加渗透剂前不被污染。

在渗透检测前，应对受检表面及附近 30 mm 范围内进行清理，不得有污垢、锈蚀、焊渣、氧化皮等；受检表面妨碍显示时，应进行打磨或抛光处理。在喷、涂渗透剂之前，需清洗受检表面，如用丙酮干擦，再用清洗剂将受检表面洗净，然后烘干或晾干。

工件表面的油污、铁锈、氧化皮、油漆、飞溅物、腐蚀物等会妨碍渗透液进入缺陷，必须进行预清理。

（1）机械清理：打磨、吹砂。

（2）化学清理：酸洗、碱洗。

（3）溶剂清洗：三氯乙烯蒸气除油。

（4）其他清除方法：如去漆剂、超声波方法等。

（5）工件表面预清理范围：外扩 25 mm。

5.5.2 施加渗透剂

施加方法应根据工件大小、形状、数量和检测部位来选择。所选方法应保证被检部位完全被渗透剂覆盖，并在整个渗透时间内保持润湿状态。具体施加方法如下：

（1）喷涂：可用静电喷涂装置、喷罐及低压泵等进行。

（2）刷涂：可用刷子、棉纱或布等进行。

（3）浇涂：将渗透剂直接浇在工件被检面上。

（4）浸涂：把整个工件浸泡在渗透剂中。

用浸浴、刷涂或喷涂等方法将渗透剂施加于受检表面。采用喷涂法时，喷嘴距受检表面的距离宜为 20~30 mm，渗透剂必须湿润全部受检表面，并保证足够的渗透时间（一般为 15~30 min）。若对细小的缺陷进行探测，可将工件预热到 40~50 ℃，然后进行渗透。

渗透时间及温度控制：在整个检测过程中渗透检测剂的温度和工件表面温度应该在 5~50 ℃的温度范围。渗透时间是指渗透液充分渗入缺陷所需的时间，包括施加渗透液的时间和滴落时间，它与渗透液的种类、缺陷性质、渗透液温度有关，一般为 15~30 min。用在 10~50 ℃的温度条件下，渗透剂持续时间一般不应少于 10 min；在 5~10 ℃的温度条件下，渗透剂持续时间一般不应少于 20 min，或者按照说明书进行操作。

5.5.3　乳化处理

乳化的作用：对于后乳化型渗透液，乳化处理使多余的油性渗透液表面张力降低，遇水形成水包油型乳化液便于被水清洗，而使缺陷处的渗透液由于凝胶作用而保留完好。

乳化剂可采用浸渍、浇涂和喷洒（亲水型）等方法施加于工件被检表面，不允许采用刷涂法。

乳化时间取决于乳化剂和渗透剂的性能及被检工件表面粗糙度。乳化时间与乳化液性能、渗透液多少、表面光洁度等因素有关，一般应按生产厂的使用说明书和试验选取。

在进行乳化处理前，对被检工件表面所附着的残余渗透剂应尽可能去除。使用亲水型乳化剂时，先用水喷法直接排除大部分多余的渗透剂，再施加乳化剂，待被检工件表面多余的渗透剂充分乳化，然后再用水清洗。使用亲油型乳化剂时，乳化剂不能在工件上搅动，乳化结束后，应立即浸入水中或用水喷洗方法停止乳化，再用水喷洗。

当使用后乳化型渗透剂时，应在渗透后清洗前用浸浴、刷涂或喷涂方法将乳化剂施加于受检表面。乳化剂的停留时间可根据受检表面的粗糙度及缺陷程度确定，一般为 1 ~ 5 min，然后用清水洗净。

对过渡的背景可通过补充乳化的办法予以去除，经过补充乳化后仍未达到一个满意的背景时，应将工件按工艺要求重新处理。出现明显的过清洗时要求将工件清洗并重新处理。

5.5.4　去除多余渗透剂

清洗目的：在达到规定的渗透时间以后用水或有机溶剂将工件表面多余的渗透液去除干净。

在清洗工件被检表面以去除多余的渗透剂时，应注意防止过度去除而使检测质量下降，同时也应注意防止去除不足而造成对缺陷显示识别困难。用荧光渗透剂时，可在紫外灯照射下边观察边去除。

施加的渗透剂达到规定的渗透时间后，可用布将表面上多余的渗透剂除去，然后用清洗剂清洗，但需注意不要把缺陷里面的渗透剂洗掉。

采用荧光渗透剂时，对不宜在设备中清洗的大型零件，可用带软管的管子喷洗，且应由上往下进行，以避免留下一层难以去除的荧光薄膜。

水洗型和后乳化型渗透剂（乳化后）均可用水去除。冲洗时，水射束与被检面的夹角以 30° 为宜，水温为 10 ~ 40 ℃，如无特殊规定，冲洗装置喷嘴处的水压应不超过 0.34 MPa。在无冲洗装置时，可采用干净不脱毛的抹布蘸水依次擦洗。

溶剂去除型渗透剂用清洗剂去除。除特别难清洗的地方外，一般应先用干燥、洁净不脱毛的布依次擦拭，直至大部分多余渗透剂被去除后，再用蘸有清洗剂的干净不脱毛布或纸进行擦拭，直至将被检面上多余的渗透剂全部擦净。但应注意，不得往复擦拭，不得用清洗剂直接在被检面上冲洗。

5.5.5　干燥处理

干燥的目的是去除工件表面残留的水分。溶剂去除型渗透剂不必进行专门的干燥过程。

用清洗剂清洗时，应自然干燥或用布、纸擦干，不得加热干燥。

干式显像、速干式显像时，工件在清洗后要进行干燥，再施加显像剂；湿式显像时，工件清洗后直接施加显像液，然后进行干燥。

干燥温度与工件材料和所用的渗透液有关，应通过试验确定，金属不超过 80 ℃，塑料在 40 ℃ 以下。在用干式或快干式显像剂显像前，或者在使用湿式显像剂以后的干燥处理中，被检工件表面的干燥温度应不高于 52 ℃。

施加干式显像剂、溶剂悬浮显像剂时，检测面应在施加前进行干燥，施加水湿式显像剂（水解、水悬浮显像剂）时，检测面应在施加后进行干燥处理。

采用自显像应在水清洗后进行干燥。一般可用热风进行干燥或进行自然干燥。干燥时，被检面的温度应不高于 50 ℃。当采用溶剂去除多余渗透剂时，应在室温下自然干燥。

干燥时间原则上越短越好，通常为 5～10 min。

5.5.6　施加显像剂

显像是指在工件表面施加特定显像液，利用毛细管作用将缺陷内残留的渗透液吸附出来，形成清晰的缺陷图像。

渗透检测中，常用的显像方式有干式显像、速干式显像、湿式显像和自显像等几种。

5.5.6.1　干式显像

使用干式显像剂时，须先经干燥处理，再用适当方法将显像剂均匀地喷洒在整个被检表面上，并保持一段时间。多余的显像剂通过轻敲或轻气流清除方式去除。在清洗并干燥后的工件表面上施加干粉显像剂，该方法灵敏度低，一般只用于荧光探伤。

5.5.6.2　速干式显像

在干燥的工件表面施加易挥发的显像液，使用前应充分摇晃。

5.5.6.3　湿式显像

在清洗后的工件表面施加水基显像液。

使用水湿式显像剂时，在被检面经过清洗处理后，可直接将显像剂喷洒或涂刷到被检面上或将工件浸入到显像剂中，然后再迅速排除多余显像剂，并进行干燥处理。

使用溶剂悬浮显像剂时，在被检面经干燥处理后，将显像剂喷洒或刷涂到被检面上，然后进行自然干燥或用暖风（30～50 ℃）吹干。

5.5.6.4　自显像

不用显像剂，显像时间停留 10～120 min，等待缺陷中的渗透液重新蔓延到工件表面后再进行检查。一般用于荧光探伤。

悬浮式显像剂在使用前应充分搅拌均匀。显像剂施加应薄而均匀。

喷涂显像剂时，喷嘴离被检面距离为 300～400 mm，喷涂方向与被检面夹角为30°～40°。

禁止在被检面上倾倒湿式显像剂，以免冲洗掉渗入缺陷内的渗透剂。

显像时间取决于显像剂种类、需要检测的缺陷大小以及被检工件温度等，一般应不小于 10 min，且不大于 60 min。

显像时间是指利用显像剂将缺陷内残留的渗透液吸附出来显示缺陷所需要的时间，一般为 7~30 min。显像时间的长短取决于显像剂和渗透液的种类。显像剂应在被检工件表面上形成均匀、圆滑的薄层，并应覆盖掉工件底色，薄厚应当适中。

荧光渗透优先选用溶剂悬浮显像剂，然后是干式显像剂，最后是水悬浮显像剂。

着色探伤，对于任何表面状态，都优先选用溶剂悬浮显像剂，然后是水悬浮显像剂。

清洗后，在受检表面上刷涂或喷涂一层薄而均匀的显像剂，厚度为 0.05~0.07 mm，保持 15~30 min 后进行观察。

5.5.7　观察及评定

5.5.7.1　结果观察

观察显示应在干粉显像剂施加后或者湿式显像剂干燥后开始，在显像时间内连续进行。如显示的大小不发生变化，也可超过上述时间。对于溶剂悬浮显像剂应遵照说明书的要求或试验结果进行操作。当被检工件尺寸较大无法在上述时间内完成检查时，可以采取分段检测的方法；不能进行分段检测时可以适当增加时间，并使用试块进行验证。

着色渗透检测时，缺陷显示的评定应在可见光下进行，通常工件被检面处可见光照度应大于等于 1000 lx；当现场采用便携式设备检测，由于条件所限无法满足时，可见光照度可以适当降低，但不得低于 500 lx。

荧光渗透检测时，缺陷显示的评定应在暗室或暗处进行，暗室或暗处可见光照度应不大于 20 lx，被检工件表面的辐照度应大于等于 1000 W/cm^2，自显像时被检工件表面的辐照度应大于等于 3000 μW/cm^2。检测人员进入暗区，至少经过 5 min 的黑暗适应后，才能进行荧光渗透检测。检测人员不能佩戴对检测结果有影响的眼镜或滤光镜。

辨认细小显示时可用 5~10 倍放大镜进行观察，以免遗漏微细裂纹。必要时应重新进行处理、检测。

观察时间应在施加显像剂之后 10~30 min 内进行。

着色探伤应在白光下进行，显示为红色图像。

荧光检测应在暗室内进行，缺陷为明亮的黄绿色图像。

观察过程中应注意伪缺陷的判别。

5.5.7.2　检测结果评定

显示分为相关显示、非相关显示和伪显示。非相关显示和伪显示不必记录和评定。

小于 0.5 mm 的显示不计，其他任何相关显示均应作为缺陷处理。

长度与宽度之比大于 3 的相关显示，按线性缺陷处理，长度与宽度之比小于或等于 3 的相关显示，按圆形缺陷处理。

相关显示在长轴方向与工件（轴类或管类）轴线或母线的夹角大于或等于 30°时，按横向缺陷处理，其他按纵向缺陷处理。

两条或两条以上线性相关显示在同一条直线上且间距不大于 2 mm 时，按一条缺陷处理，其长度为两条相关显示之和加间距。

紧固件和轴类零件不允许任何横向缺陷显示。

焊接接头的质量分级按表 5-3 进行，其他部件的质量分级按表 5-4 进行。

表 5-3　焊接接头质量分级

等级	线性缺陷	圆形缺陷（评定框尺寸为 35 mm×100 mm）
Ⅰ	$l \leqslant 1.5$	$d \leqslant 2.0$，且在评定框内不大于 1 个
Ⅱ		大于Ⅰ级

注：l 表示线性缺陷显示长度，mm；d 表示圆形缺陷显示在任何方向上的最大尺寸，mm。

表 5-4　其他部件的质量分级

等级	线性缺陷	圆形缺陷（评定框面积 2500 mm²，其中一条矩形边的最大长度为 150 mm）
Ⅰ	不允许	$d \leqslant 2.0$，且在评定框内少于或等于 1 个
Ⅱ	$l \leqslant 4.0$	$d \leqslant 4.0$，且在评定框内少于或等于 2 个
Ⅲ	$l \leqslant 6.0$	$d \leqslant 6.0$，且在评定框内少于或等于 4 个
Ⅳ		大于Ⅲ级

注：l 表示线性缺陷显示长度，mm；d 表示圆形缺陷显示在任何方向上的最大尺寸，mm。

钢制压力容器不允许有任何裂纹和分层存在，发现裂纹或分层时应做好记录，并按《钢制压力容器》（GB/T 150—2010）中的规定进行修磨和补焊。对于钢制压力容器的具体产品，其渗透检测的质量评定应按相应的产品标准进行。

5.5.8　检测记录与报告

5.5.8.1　检测记录

（1）记录：草图法；粘贴-复制技术；拍照。

（2）记录内容：

1）被检工件情况。

2）检验方法与条件。

3）探伤结果。

4）探伤人员及日期。

5.5.8.2　检测设备及规范

应按照现场操作的实际情况详细记录检测过程的有关信息和数据。渗透检测记录除符合 NB/T 47013.1 的规定外，还至少应包括下列内容：

（1）检测设备：渗透检测剂名称和牌号。

（2）检测规范：检测灵敏度校验、试块名称，预处理方法、渗透剂施加方法、乳化剂施加方法、去除方法、干燥方法、显像剂施加方法、观察方法和后清洗方法，渗透温度、渗透时间、乳化时间、水压及水温、干燥温度和时间、显像时间、相关显示记录及工件草图（或示意图）、记录人员和复核人员签字。

5.5.8.3　检测报告

应依据检测记录出具检测报告。渗透检测报告除符合 NB/T 47013.1 的规定外，还至少应包括：

（1）委托单位。

（2）检测工艺规程版次、编号。

（3）检测比例、检测标准名称和质量等级。

（4）检测人员和审核人员签字及其资格。

（5）报告签发日期。

不同检测方法对应的操作工艺过程，如图 5-12～图 5-14 所示。

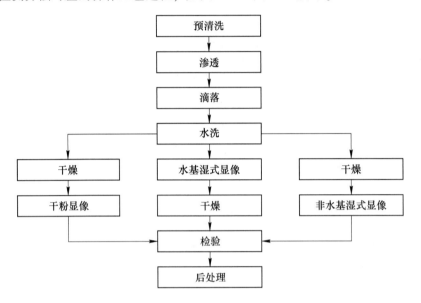

图 5-12 水洗型渗透检测过程

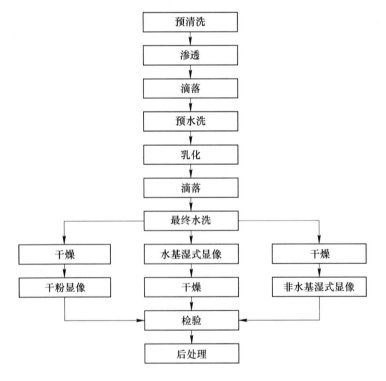

图 5-13 亲水型后乳化渗透检测过程

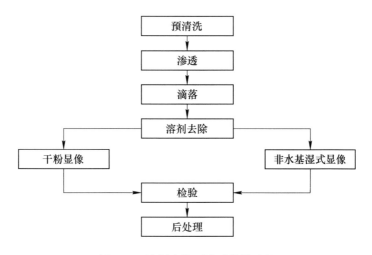

图 5-14 溶剂去除型渗透检测过程

任务 5.6 渗透检测实践训练

5.6.1 渗透检测案例分析

【案例】 大型球罐的着色检测

对于大型钢制球形储罐的焊接，现场常采用分带焊接组对或分片整体组对的焊接方式。由于焊接工艺复杂，现场焊接条件差，易产生表面裂纹，因此必须进行表面检测。

5.6.1.1 检测方法的选择

球罐为 400 m³ 的储氨容器，材质为 16MnR，板厚为 44 mm。按开罐检查的要求，对内外表面焊缝和支柱接管的角焊缝需进行 100% 的表面检测。由于支柱和接管处的角焊缝不易采用旋转磁场磁粉检测机来检查，而溶剂去除型着色渗透检测法具有很快的渗透速度，与快干式显像剂配合使用，可得到与荧光渗透检测相类似的灵敏度，而且所需设备简单、操作方便，因而选择溶剂去除型着色渗透检测法较为合适。

5.6.1.2 球罐渗透检测的特殊工艺问题

在渗透检测中，渗透时间与渗透剂的温度有着很大的关系。为了满足检验要求，一般都在 15~40 ℃ 范围内进行。由于我国气温四季相差较大，北方地区最低可达零下几十度，因此必须要解决低温下送行渗透检测时给被检部位加热的问题。采用溶剂去除型着色检测时，渗透剂和清洗剂等都是易燃物，不能直接与明火接触，因此需采用罐内加热法。具体方法有以下 3 种：

（1）工频感应加热法将工频感应加热器固定在探测面的内壁，调整其工作电流并用点温度计和控制箱控制探测面温度在 30 ℃ 左右。此法温度容易控制，而且加热均匀可靠，但设备较复杂。

（2）煤气喷嘴加热法把喷嘴置于球罐内，对受检部位加热，通过调节煤气量和喷嘴与受检表面的距离来调节和控制加热温度，使其探测表面温度在 30 ℃ 左右。但此种方法的设备也较为复杂。

（3）气焊枪加热法用气焊枪在球罐内表面对被检区域加热，通过调整焊枪与球罐受检区内壁的距离和火焰的大小来控制加热温度。由于钢铁传热快，可以用手背触摸检测区表面，以不烫手为宜，此时的温度一般在 40 ℃ 以下。该法温度控制不太准确，但简单易行，尤其适合于接管等局部焊缝的着色检测。

5.6.1.3　对比试验

（1）制作试板采用与球罐相同的材料制作对接焊试板，规格为 300 mm×150 mm×44 mm，用异种钢焊条缠绕细铜丝焊接试板，使之产生裂纹。

（2）试验过程首先在室外低温（-7 ℃）情况下对试板进行检测，在清洗过的焊缝表面喷涂渗透剂，渗透 15 min，然后进行清洗，再显像 10 min，结果没有发现缺陷。之后对试板进行彻底清洗，放在室内（室温为 25 ℃）用同样的条件进行渗透检测，结果发现焊缝表面裂纹密布，并用照相方法进行记录。最后再将试板彻底清洗干净并置于室外，用气焊枪在试板背面加热，调节焊枪火焰与试件表面的距离，观察点温度计读数，使其指示在 30 ℃ 左右（或用手背触摸试块表面，不烫手即可），再用同样的条件重复进行着色检测，结果发现缺陷显示的情况与在室温下相同。

经过上述对比试验，说明采用焊枪局部加热的方法能满足低温下进行着色渗透检测的要求，同时也反映了检测方法和工艺的选择具有一定的合理性。

5.6.1.4　球罐焊缝的着色检测工艺

（1）预清洗用砂轮清除焊缝及其两侧 30 mm 范围内的飞溅、锈蚀、油污及较大的焊接波纹等，再用清洗剂清洗并擦干。

（2）加热受检区对寒冷地区的球罐进行着色渗透检测时，可用气焊枪在受检表面的内壁加热，使受检部位的温度不超过 40 ℃（以不烫手为宜）。

（3）渗透将着色渗透剂均匀地喷涂在受检表面，渗透 15 min。

（4）清洗先用纸擦去工件表面上绝大多数的渗透剂，然后用蘸有清洗剂的干净布擦洗。

（5）显像喷涂显像剂，显像 15 min 之后进行观察。并记录缺陷的位置、形状、数量和大小。

5.6.1.5　检测结果分析

（1）发现一条清晰的线形显示痕迹，长为 73 mm，起始于焊趾焊缝边缘，延长约71 mm。经过分析，这是由于焊接应力造成的延迟裂纹。该裂纹用角砂轮打磨 5 mm 深才被清除掉。

（2）在焊缝两侧的焊趾部位发现有两条长为 20 mm、粗细不均的直线显示痕迹。除掉显像剂后发现是焊缝边缘的咬边，用清洗剂清洗后重新显像，仅发现两个小点状显示，证实了是由咬边引起的无关痕迹。

5.6.2　渗透检测工艺卡的填写

特种设备 PT-Ⅰ级（　　）Ⅱ级（　　）人员操作示例

试件编号		主体材质		规格/mm	
探伤方法		对比试块		观察方法	
渗透剂型号		清洗剂型号		显像剂型号	
渗透时间		清洗方法		观察时间	
环境温度		表面状态		执行标准	NB/T 47013.5—2015

缺陷记录						
缺陷序号	S1/mm	S2/mm	S3/mm	L/mm	n/条	评定级别
①	50	60	55	5	3	不允许
②	100	115	105	4	3	不允许

示意图：

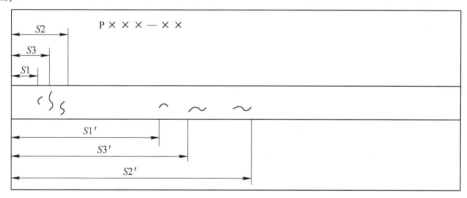

探伤结论			
探伤人	×××	日　期	×××

特种设备 PT-Ⅰ级（　　）Ⅱ级（　　）人员操作示例

试件编号		主体材质		规格/mm	
探伤方法		对比试块		观察方法	
渗透剂型号		清洗剂型号		显像剂型号	
渗透时间		清洗方法		观察时间	
环境温度		表面状态		执行标准	JB/T 47013.5—2015

缺陷记录						
缺陷序号	S1/mm	S2/mm	S3/mm	L/mm	n/条	评定级别
①	50	60	55	5	3	不允许

续表

示意图：

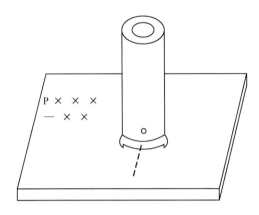

探伤结论			
探伤人	×××	日　　期	×××

附：报告填写说明及考核注意事项

一、板状焊缝试件（缺陷检测参数）探伤报告填写说明

$S1$：第一组缺陷中最左端缺陷的起点到试板左边线的距离，mm；

$S2$：第一组缺陷中最右端缺陷的终点到试板左边线的距离，mm；

$S3$：第一组缺陷中最长缺陷的左端到试板左边线的距离，mm；

$S1'$：第二组缺陷中最左端缺陷的起点到试板左边线的距离，mm；

$S2'$：第二组缺陷中最右端缺陷的终点到试板左边线的距离，mm；

$S3'$：第二组缺陷中最长缺陷的左端到试板左边线的距离，mm；

$L1$：第一组缺陷中最大缺陷长度，mm；

$L2$：第二组缺陷中最大缺陷长度，mm；

$n1$：第一组缺陷总数，mm；

$n2$：第二组缺陷总数，mm。

二、管板焊缝试件（缺陷检测参数）探伤报告填写说明

缺陷检测参数同板状焊缝试件，其标距以试件钢印号前沿管材母线为缺陷起点，向右展开（以俯视图测量，0 点开始逆时针测量），其参数记录与板状焊缝试件相似。

三、考核注意事项

（1）二级人员焊缝板状试件及管板试件考试时间为 45 min（一级为 35 min，只考板状试件）。超时不得大于 15 min。超时小于或等于 5 min 扣 2 分；超时 5~10 min 扣 4 分，超时 10~15 min 扣 6 分。

（2）焊缝板状试件满分 100 分，管板试件满分 100 分。

复习思考题

5-1　渗透检测剂有哪几类，分别怎么进行定义？

5-2　简述渗透检测的工作原理和基本操作步骤？

5-3　渗透检测的优点及局限性有哪些？

项目6　涡流检测

【教学目标】

1. 掌握涡流检测基本原理及特点、涡流检测设备及器材、涡流检测的方法与应用；

2. 会使用涡流检测系统进行检测操作；

3. 能够具备对检测出现的现象进行分析和判别能力，具备安全检测意识、规范意识和精益求精的工匠精神。

【说说身边那些事】

全国首个实现构架自动探伤的智能机器人在无锡地铁投用

2022年11月1日，全国首个实现构架自动探伤的智能机器人在无锡地铁西漳车辆段正式投用。

AGV物料小车拾取构架

地铁列车的机械结构关系到地铁的安全运行，构架作为其中的关键部件，因高频振动会产生疲劳裂纹、裂缝等问题。如何精准、高效地开展构架探伤工作，是地铁车辆检修的重要内容。

在没有使用智能机器人进行自动探伤之前，地铁列车的构架探伤工作大多由人工完成。无锡地铁运营有限公司机械工程师介绍，传统的人工探伤，涉及到大量的油漆喷涂、脱漆工作，不仅污染环境，还会影响员工的身心健康，"耗时又耗力"。智能机器人投用后，它可以实现构架探伤流程的全自动化，既降低了员工的工作负荷、改善了工作环境，又提高了工作质量。

此番在无锡投用的构架自动探伤智能机器人通过视觉定位识别构架类型，自动规划好路线后进行智能检测，根据识别到的焊缝位置和结构，自动更换不同的探头以适应不同检测工况，从而达到最佳的检测效果。

在无锡地铁西漳车辆段的检修车间里，工作人员仅需在电脑上按下启动指令，黄色的

智能机器人实现构架自动探伤

AGV 物料小车便自动运行至待检位拾取构架，等构架被吸附固定后，小车再将构架运至检测区构架自动探伤智能机器人面前，升降翻转机对构架进行夹持后，智能机器人即可进行探伤检测。

"我们这个智能机器人最主要的就是前面的涡流探头，其实就是一个涡流线圈，然后它就像医生手里的听诊器一样，能通过发出涡流来检测构架表面的一些伤痕部位。可以找到藏在油漆下面的裂纹，这是我们肉眼无法捕捉到的。"负责无锡地铁车辆检修的工作人员告诉记者。

自动探伤进行中

该探伤机器人可以完成无锡地铁 1 号线 4 种类型 77 个焊缝、无锡地铁 2 号线两种类型 10 个焊缝全范围内的探伤需求，相比较原磁粉探伤，无需再对构架进行脱补漆、退磁等处理，能够提升 40% 的探伤工作效率。

（摘自中国新闻网，https：//www.chinanews.com/cj/2022/11-01/9884689.shtml）

任务 6.1　涡流检测基础知识

6.1.1　涡流检测的发展

利用电磁感应原理，通过测定被检工件内感生涡流的变化来无损地评定导电材料及其工件的某些性能，或发现缺陷的无损检测方法称为涡流检测。

涡流检测只能用于导电材料的检测。对管、棒和线材等型材有很高的检测效率。

1879 年，英国人休斯利用感生涡流对不同的合金进行了判断实验。揭示了应用涡流对导电材料进行检测的可能性。20 世纪 50 年代初，德国的福斯特等人提出阻抗平面图分析法和相似定律。开创了现代涡流无损检测的新历史。特别是 20 世纪 70 年代以来，由于电子技术、计算机技术和信息技术的飞速发展，给涡流检测带来了新的生机，使其成为当今无损检测技术的一个重要组成部分。涡流仪器的发展经历了三代：第一代模拟类机器；第二代数字式仪器；第三代智能仪器。

当前涡流检测技术的研究方向：

（1）多频涡流检测技术。

（2）远场涡流技术：低频。

（3）深层涡流技术：低频涡流和多频涡流技术的综合。

（4）磁光涡流成像技术。

6.1.2　材料的导电性

6.1.2.1　材料的电阻率

根据欧姆定律，沿一段导体流动的电流与其两端的电位差成正比。即

$$I = \frac{U}{R} \tag{6-1}$$

对于给定材料的导体，它的电阻与导体长度（L）成正比，与导体的横截面积（S）成反比。即

$$R = \rho \frac{L}{S} \tag{6-2}$$

式中　ρ——导体的电阻率，$\Omega \cdot \mathrm{mm}^2/\mathrm{m}$ 或 $\Omega \cdot \mathrm{cm}$。

6.1.2.2　影响电阻率的因素

影响电阻率的因素有：

（1）杂质含量。如果在导体中掺入杂质，杂质会影响原子的排列，导致电阻率增大。

（2）温度。随着导体的温度升高，导体内的原子热振动加剧，自由电子的碰撞机会增加，电阻率随之增大。

（3）冷热加工。材料的冷热加工可能产生内应力，使原子排列结构变形。这时，电子受到碰撞次数增加，电阻率也会增大。

（4）合金成分。对于固溶合金（杂质在基体金属内均匀分布），一般来说，电阻率随着合金成分的增加而增大。

6.1.2.3　电感感应

（1）电感感应现象。楞次定律：闭合回路中产生的感应电流有确定的方向，它所产生的磁通总是企图阻碍原来磁通的变化。

（2）电磁感应定律。闭合回路（螺线管回路）中产生的感应电流是由于该回路中有电动势存在。法拉第最先确定了这种电动势的大小和磁通量变化间的数量关系。

法拉第根据能量守恒定律推导得出

$$\varepsilon = \frac{\mathrm{d}\Phi}{\mathrm{d}t} \tag{6-3}$$

式中 ε——感应电动势；

$\mathrm{d}\Phi/\mathrm{d}t$——磁通随时间的变化量。

对于 n 匝线圈的回路，其电动势为

$$\varepsilon = -n\frac{\mathrm{d}\Phi}{\mathrm{d}t} \tag{6-4}$$

式中 ε——感应电动势；

n——线圈匝数；

$\mathrm{d}\Phi/\mathrm{d}t$——磁通随时间的变化量。

（3）自感应现象。在任意闭合回路中，当接有线圈和负载时，回路中的电流在空间任一点所产生的磁感应强度和电流成正比，因此，磁通量也和电流成正比。即有

$$\Phi = L_0 I \tag{6-5}$$

比例系数 L_0 称为回路中的自感系数，它与回路的几何形状、大小、匝数及回路中的介质有关。自感系数的常用单位是亨利。回路中的自感电动势 ε_0 的关系式为

$$\varepsilon_0 = -L_0\frac{\Delta I}{\Delta t} \tag{6-6}$$

（4）互感应现象。如果有两个螺线管线圈的闭合回路靠在一起，当第一个通电流 I 时在第二个回路中就会产生感生电流。

如果第二个回路的互感系数为 L_{21}，在第二个回路中产生的感生电动势为 ε_2，则有

$$\varepsilon_2 = -L_{21}\frac{\mathrm{d}I_1}{\mathrm{d}t} \tag{6-7}$$

6.1.3 涡流的产生及其性质

如图 6-1 所示，若给线圈通以变化的交流电，由于电磁感应，当导电体处于交变磁场中或相对于磁场运动时，由于导体内部构成闭合回路，穿过回路的磁通发生变化，因此在导体中产生感应电流，电流在导体内自行闭合成涡旋状，故称涡电流，简称涡流。涡流是根据电磁感应原理产生的，所以涡流是交变的。

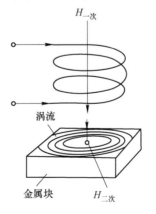

图 6-1 涡流的产生

涡流的基本性质如下：

（1）在垂直于磁力线的平面内流动，呈涡旋状，通常涡流的流动路径垂直于线圈的中心轴线也平行于工作表面（取决于探头线圈的结构）。涡流仅局限于变化磁场存在的区域。

（2）因为感应电动势与磁感应磁通量的变化速度成正比，所以磁场变化越快，即交流电流的频率越高，产生的涡流越大。

（3）交流电流的频率还决定了涡流在试件中流动的深度，此深度称为穿透深度，随着频率的升高，穿透深度减小，涡流的分布均集中在试件的表面。

（4）在无限大的平面导体内，涡流密度随着深度的增加呈指数减小。

6.1.4　影响感生涡流特性的主要因素

影响感生涡流特性的主要因素见表 6-1。

表 6-1　影响感生涡流特性的主要因素

检测目的	影响涡流特性的主要因素	用　途
探伤	缺陷形状、尺寸和位置	导电的管、棒、线材及零部件的缺陷检测
材质分选	电导率	混料分选和非磁性材料电导率的测定
测厚	检测距离和薄板厚度	涂覆层及薄板厚度的测量
尺寸检测	工件的尺寸和形状	工件尺寸和形状的控制
物理量测量	工件与检测线圈间的距离	径向振幅、轴向位移及运动轨迹的测量

6.1.5　集肤效应与渗透深度

集肤效应是指当直流电通过一圆柱导体时，导体截面上的电流密度均相同。而交流电通过圆柱导体时，其横截面上的电流密度就不一样，表面的电流密度最大，越到圆柱体中心就越小。尤其当频率 f 较高时，电流几乎是在导体表面附近的薄层中流动的，这种电流主要集中于导体表面附近的现象，称为集肤效应或趋肤效应。

趋肤效应是感应出的涡流集中在靠近激励线圈的材料表面附近的现象。

涡流密度随着距离表面的距离增加而减小。

涡流集中在靠近激励线圈的材料表面附近，交变电流激励磁场强度及涡流密度，随着深度增加按指数分布规律递减；涡流的相位差随着深度增加成比例的增加。

$$J_x = J_0 \mathrm{e}^{-x\sqrt{xf\mu\sigma}} \tag{6-8}$$

涡流透入导体的距离称为透入深度，渗透深度是涡流密度衰减为其表面密度的 $1/e$（36.8%）时对应的深度。

渗透深度随被检材料的电导率、磁导率及激励频率的增大而减小。

$$\delta = \frac{1}{\sqrt{\pi f \mu \sigma}} \tag{6-9}$$

式中　σ——电导率；

　　　　μ——磁导率；

　　　　f——检测频率。

　　由于被检工件表面以下 3δ 处的涡流密度仅为其表面密度的 5%，因此，通常将 3δ 作为实际涡流检测能够达到的极限深度。

　　涡流探伤能够达到的极限深度：涡流密度仅约为其表面密度的 5% 时的深度。

任务 6.2　涡流检测原理及特点

6.2.1　涡流检测原理

　　当载有交变电流的检测线圈靠近导电工件时，由于线圈磁场的作用，工件中将会感生出涡流（其大小等参数与工件中的缺陷等有关），而涡流产生的反作用磁场又将使检测线圈的阻抗发生变化，如图 6-2 所示。因此，在工件形状尺寸及探测距离等固定的条件下，通过测定探测线圈阻抗的变化，可以判断被测工件有无缺陷存在。

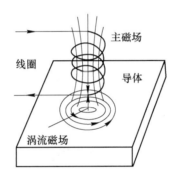

图 6-2　磁场线圈与涡流磁场

　　涡流伴生的感应磁场与原磁场叠加，使检测线圈的复阻抗发生变化。导体内感生涡流的幅值、相位、流动形式及其伴生磁场受导体的物理特性影响，进而影响检测线圈的复阻抗。因此通过监测检测线圈的阻抗变化即可非破坏地评价导体的物理和工艺性能。

　　主要包括 3 个部分：

　　（1）试件表面缺陷影响涡流。

　　（2）涡流变化导致检测线圈阻抗变化。

　　（3）通过测量线圈阻抗变化，检测缺陷。

6.2.2　涡流检测的特点

　　涡流检测的特点包括以下几个方面：

　　（1）对导电材料表面和近表面缺陷的检测灵敏度较高。

　　（2）检测线圈不必与被检材料或工件紧密接触，不需耦合剂，检测过程不影响被检材料的性能。

　　（3）应用范围广，对影响感生涡流特性的各种物理和工艺因素均能实施检测。

　　（4）在一定条件下，能反映有关裂纹深度的信息。

　　（5）可在高温、薄壁管、细线、零件内孔表面等其他检测方法不适应的场合实施检测。

（6）检测形状复杂零件，效率低。

（7）难于区分缺陷的种类和大小。

在工业生产中，涡流检测是控制各种金属材料及少数非金属导电材料及其产品品质的主要手段之一。与其他无损检测方法相比，涡流检测更容易实现自动化，特别是对管、棒和线材等型材有很高的检测效率。

6.2.3　涡流检测的应用

涡流检测主要可用于以下几个方面：

（1）检测试件缺陷。根据试件缺陷引起检测线圈阻抗或电压幅值和相位变化来区分试件表面的缺陷情况。由于涡流具有趋肤效应，因此涡流检测一般只能检出试件表面或近表面缺陷，主要用于棒材、线材、板材和管材等试件的自动在线检测。

（2）测试材料的物性。根据试件材料物性变化引起检测线圈阻抗或电压变化来测试材料电导率、磁导率、硬度、强度和内应力等情况。

（3）材料分选。根据不同材料的电导率和磁导率不同，引起线圈阻抗幅值或相位发生的变化来实现材料分选，将规格相同、牌号不同的钢种或有色金属分离出来。

（4）测量厚度。当管材、板材或金属材料表面非金属覆层厚度发生变化时，检测线圈阻抗会发生变化，据此可以测量某些试件的壁厚、金属材料上非金属材料覆盖层或铁磁材料上非铁磁性材料覆盖层的厚度以及管材或棒材直径、圆度等。

任务6.3　涡流检测设备及器材

涡流检测设备主要由涡流检测仪、涡流检测线圈、辅助装置和对比试样等组成。

6.3.1　涡流检测仪

涡流检测仪是涡流检测系统最核心的组成部分，一般应具有激励、放大、信号处理、信号显示、声光报警和信号输出等功能。

根据检测目的，涡流检测仪一般分为涡流检测仪、涡流电导仪和涡流测厚仪3种。根据检测结果显示方式，涡流检测仪分为阻抗幅值型涡流检测仪和阻抗平面型涡流检测仪。阻抗幅值型仪器在显示终端仅给出检测结果幅度变化的相关信息，不包含检测信号的相位信息，指针式涡流检测仪、涡流电导仪和涡流测厚仪均属于该类型仪器。阻抗平面型仪器在显示终端既给出检测结果幅度信息，也给出检测信号相位信息。带有荧光示波屏或液晶显示屏的涡流检测仪大多属于阻抗平面型仪器。

按照仪器的工作频率特征，涡流检测仪可分为单频涡流检测仪和多频涡流检测仪。单频涡流检测仪是指只有单一激励频率，或激励频带虽宽，但在同一时刻仅以单一选定频率工作的涡流检测仪。多频涡流检测仪是指可以同时选择两个或两个以上检测频率工作的涡流检测仪。一般都具有两个或两个以上的信号激励与检测工作通道，又称多通道涡流检测仪。随着生产制造技术的提高，涡流检测仪已经能够同时具备检测、电导率测量和膜层厚度测量功能，称为通用型涡流检测仪，甚至可以选择阻抗幅值型或阻抗平面型的显示方式。

涡流检测仪的组成（基本电路）包括：振荡器、信号检出电路、放大器、信号处理电路、显示器和电源电路。

如图 6-3 所示，振荡器产生各种频率的振荡电流通过检测线圈，线圈产生交变磁场并在工件中感生涡流。当试件存在缺陷或物性变化时，线圈电压发生变化，通过信号检出电路将线圈电压变化量输入放大器放大，经信号处理器消除各种干扰信号，最后将有用的信号输入显示器显示检测结果。

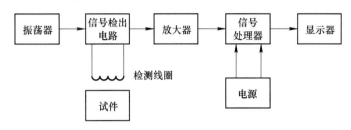

图 6-3　涡流检测仪的结构组成

涡流检测仪的功能：产生激励信号、检测涡流信息、鉴别影响因素和指示检测结果。

（1）振荡器。振荡器的作用是向激励线圈提供所需频率及幅度的电流，以便在试件中感生所需强度的涡流。常配以功率放大器使用。多采用 LC 振荡器，具有起振容易、调整频率方便、能产生较大幅度正弦振荡、频率稳定的优点。

高频振荡频率为 2~6 MHz，适合于检测表面裂纹；低频振荡频率为 50~100 kHz，穿透深度较大，适合于检测表面下缺陷和多层结构中第二层材质中的缺陷。

LC 振荡器：起振容易、调整频率方便、振幅大、频率稳定。

（2）放大器。由于工件中涡流的作用，检测线圈所产生的信号幅度和相位会有相应的改变，但这种变化很小，信号需放大。

对放大器的要求：低噪声、宽动态范围和低失真。

（3）抑制电路。通过信号叠加和平均消除干扰。

（4）检出电路。幅度探测器、相位探测器。

（5）显示。电流表显示、阻抗图显示、计算机数字处理和显示。

随着计算机和信息技术的发展，涡流检测仪也向着智能化、集成化和信息化发展，不仅减小了涡流检测仪器的体积，创造了良好的人机对话方式，还显著提高了涡流检测的准确性和可靠性。

智能型涡流检测仪一般包含管理、自检、分析识别、检测、数据库及帮助等功能模块，管理模块是智能型涡流检测仪的核心，各项管理功能的实现是通过软件开发在统一操作界面上完成，如任务选择、参数设置、调整、保存、删除等管理控制。自检模块能够实现检测仪开机自动校验仪器硬件、检测软件是否正常运行，避免了人工手动调试仪器，检测准确方便、快捷。分析识别模块比常规的涡流检测仪具备更多、更复杂和更高级的信号分析识别方法和能力。检测模块是直接驱动涡流检测系统各硬件完成预期任务的功能模块，如驱动检测线圈运转，控制仪器各硬件单元完成信号采集、转换与传输，该模块是智能型涡流检测的基本组成部分。数据库模块的作用是为检测提供相关的知识和技术支持，如针对不同检测对象和要求确定的探头形式、频率、相位、增益、滤波等各项检测参数固化后形成的检测工艺规程,可以分别完整地存储在数据库中,供以后相同零件的重复检测直接调用;另一方面,该模块还可以保存各种典型缺陷信号,为检测信号的识别与判读提供支持和帮助。帮助模块是指导操作人员学习、掌握操作技能和正确操作仪器的功能模块,像所有的应用软件一样,它不仅提供了关于检测软件的功能和操作方法等信息,还可以提示操作错误、可能的原因和相应的解决办法。

6.3.2　涡流检测线圈

涡流检测线圈俗称探头。涡流检测线圈是用直径非常细的铜线按一定方式缠绕而成,同时具备激励和拾取信号功能的探测装置。通以交流电时,线圈产生交变磁场,在其接近导电体时,导电体受激励产生感应电流,即涡流;同时,线圈还具有接收感应电流(即涡流)产生的感应磁场、将感应磁场转换为交变电信号的功能,将检测信号传输给涡流检测仪。可见,可根据被检测对象的外形结构、尺寸和检测目的,设计、制作成不同缠绕方式、不同大小且形状各异的线圈,能够更好地适应不同的检测对象,并满足检测要求。

涡流检测线圈的作用:

(1)在试件表面及近表面感生涡流。

(2)测量涡流磁场或合成磁场的变化。

检测线圈对缺陷的检出灵敏度及分辨率有很大的影响,是涡流检测设备的重要组成部分。涡流检测线圈的分类,实际应用的检测线圈的分类形式多种多样,线圈的结构与形式不同,其性能和适用性有很大差异。常用的是按检测涡流的方式、检测线圈与试件的相互位置以及比较方式来分类,见表 6-2。不同应用方式、不同感应方式、不同比较方式的检测线圈如图 6-4~图 6-6 所示。

表 6-2　涡流检测线圈的分类

名称	分类方式	分类	说　　明
涡流检测线圈	与试件的相互位置	穿过式	试件穿过检测线圈
		内插式	检测线圈插在试件孔内或管材内壁
		探头式	检测线圈放置在试件表面
	检测方式	自感式	检测线圈既产生激励磁场,又检测涡流的反作用磁场
		互感式	检测线圈有两个绕组,一个产生交变磁场,另一个检测涡流的反作用磁场
	比较方式	自比式	检测线圈由两个相距很近的线圈组成
		它比式	检测线圈由两个参数完全相同的线圈组成,它们分别对标准试件和待测试件检测

穿过式线圈:小直径管材、棒材、线材等检测。

内通过式线圈:管件、深孔、螺纹孔内壁表面检测。

放置式线圈:板材、带材和大直径管材、棒材的表面检测,形状复杂的工件的特定区域局部检测。

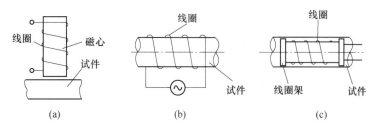

图 6-4　不同应用方式的检测线圈

（a）放置式线圈；（b）外通过式线圈；（c）内穿过式线圈

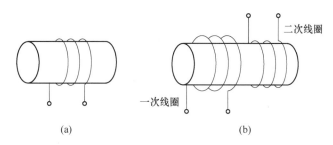

图 6-5　不同感应方式的检测线圈

（a）自感式线圈；（b）互感式线圈

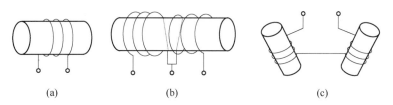

图 6-6　不同比较方式的检测线圈

（a）绝对式线圈；（b）自比较式线圈；（c）标准比较式线圈

表 6-3 为绝对式探头和差动式探头的优缺点比较。

表 6-3　绝对式探头和差动式探头的优缺点比较

探头种类	优　点	缺　点
绝对式探头	（1）对材料性能或形状的突变或缓慢变化均能作出反应； （2）混合信号较易区分出来； （3）能显示缺陷的整个长度	（1）温度不稳定时易发生漂移； （2）对探头的颤动比差动式敏感
差动式探头	（1）不因温度不稳定而漂移； （2）对探头颤动的敏感度较低	（1）对平缓变化不敏感，即长而平缓的缺陷可能漏检； （2）只能探出长缺陷的起点和终点； （3）可能产生难以解释的信号

　　涡流检测线圈的形式及应用特点不同形成的检测线圈有着不同的功能，表 6-4 列出了它们的形式及应用特点。

　　此外，近年来国外研制出各种旋转式探头，检测时，工件沿直线运动，检测线圈沿试件外表面作高速旋转，能以每秒几十米的扫查速度检测出管（棒）材的微小缺陷。

表 6-4　检测线圈的形式及应用特点

分类		形式	应用特点
穿过式			探伤速度快，广泛应用于管、棒、线材的自动探伤
内插式			适用于管子内部及深孔部位的探伤，试件中心线应与线圈轴线重合
探头式			带有磁心，具有磁场聚焦性质，灵敏度高，但灵敏区小，适合于板材和大直径管材、棒材的表面探伤
自比式	自感式	线圈　1　2	采用两个相邻的相同线圈，来检验同一试件两个部位的差异，能抑制试件中缓慢变化的信号，能检测缺陷的突然变化。检测时，试件传送时的搅动及环境温度对其影响较小。但对试件上一条从头到尾的长裂纹（假定其深度相同）则无法探出
	互感式	初级线圈　1　2　次级线圈	
它比式	自感式	线圈　1　2	检出信号是标准试件与被测试件存在的差异，受试件材质、形状及尺寸变化的影响。但能检出从头到尾深度相等的裂纹，常与自比式线圈结合使用，以弥补其不足。穿过式、内插式、探头式线圈都能接成它比式
	互感式	一次线圈　二次线圈　1　2	

6.3.3　试样

与其他无损检测方法相同，涡流检测对于被检测对象的检测和评价都是通过与已知试样的比较而得出的，即通过当量法来实现。这类已知试样通常被称为标准试样或对比试样。

试样用来检测和鉴定涡流检测仪的灵敏度、分辨力、端部不可检测长度等性能，它可以用于：（1）选择检测条件；（2）调整检测仪器；（3）定期检查仪器；（4）作为整个仪器的标准当量。

6.3.3.1　标准试样

标准试样是按相关标准规定的技术条件加工制作，并经规范认证的用于评价检测系统性能的试样。评价涡流检测系统的不同性能需要采用不同的标准试样。

图6-7所示为用于评价检测系统端部效应的标准试样。在管材试样一端管壁同一母线位置上加工10个间距为20 mm、直径为1 mm的通孔缺陷。通过记录和比较各人工响应信号的大小，可评价涡流仪对靠近管材端部缺陷的检测分辨能力，即检测系统的端部效应。

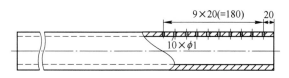

图6-7　用于评价检测系统端部效应的标准试样

6.3.3.2　对比试样

对比试样是针对被检测对象和检测要求按照相关标准规定的技术条件加工制作，并经相关部门确认的用于被检对象质量评价的试样，即以对比试样上人工缺陷作为判定该产品经涡流检测是否合格的依据。图6-8为典型的热交换器管检测用对比试样。试样外表面从左至右加工有5个深度分别为管材壁厚10%、20%、30%、40%和50%深度的周向刻槽，内表面刻有1个深度为壁厚10%的周向刻槽，槽深容许偏差为0.075 mm。各槽宽度和间距分别为50 mm和25 mm，槽宽和间距容许偏差为1.5 mm。

图6-8　热交换器管检测对比试样

6.3.4　涡流检测辅助装置

涡流检测辅助装置主要包括磁饱和装置、试样传动装置、探头驱动装置和标记装置等。

6.3.4.1　磁饱和装置

铁磁性材料经过加工（如冷拔、热处理、旋压和焊接等）后，其内部会出现明显的磁性不均匀，这种磁性不均匀形成的噪声信号会灌灭缺陷信号，给缺陷的检出带来困难；另外，与非铁磁性材料相比，铁磁性材料的相对磁导率一般远大于1，一些材料的最大相对磁导率甚至达到1000以上，趋肤效应大大限制涡流透入深度，对于铁磁性材料，在检测前进行磁饱和处理是消除磁性不均匀、提高涡流透入深度的有效方法。

涡流检测中使用的磁饱和装置有两类：一类由线圈构成，通以直流电，这类磁饱和装置主要包括外通过式线圈的磁饱和装置和磁轭式磁饱和装置，主要用于采用外通过式线圈的管、棒材的涡流检测；另一类磁饱和装置由一个简单的直径较小但磁导率非常高的磁棒或磁环构成，当交流电通过缠绕在磁棒或磁环上的检测线圈时，激励产生很强的磁场，从而达到对铁磁性材料或零件的被检测部位实施饱和磁化的目的。

6.3.4.2　试样传动装置

试样传动装置主要用于形状规则产品的自动化检测，在管、棒材生产线上的应用最为广泛。一套典型的管、棒材自动检测的传动系统一般由上料、进料和分料装置组成。

6.3.4.3　探头驱动装置

针对不同类型的检测对象和要求，采用的探头驱动方式各有不同。如上所述，当需要采用放置式线圈对管、棒材实施周向扫查时，除了可通过试件传动装置驱动管、棒材沿轴向做送给和旋转复合运动外，也可在管、棒材做直线送给运动的同时，驱动放置式线圈沿管、棒材做周向旋转。管道的在役检测通常采用内穿过式线圈，对于较长的管道，往往需要借助专用的探头驱动装置。探头枪是一种检测螺孔壁缺陷常用的驱动装置。这种装置可以控制探头的旋转方向、速度和进给位置，探头转动速度有 1000 r/min 和 2000 r/min 两种。

6.3.4.4　标记装置

标记装置是对被检测对象出现异常信号的位置自动实施记录和标识的装置。随着检测仪器智能化水平的提高，仪器可根据试件传动装置的进给速度和时间准确计算出线圈检测的位置，通过对试件运动初始位置的标识，可以在检测仪的屏幕或显示界面上给出发现异常显示信号的位置坐标。

任务 6.4　涡流检测工艺操作

6.4.1　检测前的准备

（1）确定检测方法。根据试件的性质、形状、尺寸及欲检出的缺陷种类和大小选择检测方法及设备。对小直径、大批量焊管或棒材的表面检测，基本都选用配有穿过式自比线圈的自动检测设备。

（2）清理试件。对被检件进行预处理，除去其表面的油脂、氧化物及吸附的铁屑等杂物。

（3）选择对比试样。根据相应的技术条件或标准来制备对比试样。

（4）对检测装置进行预运行。检测仪通电后，必须稳定地运行 10 min 以上。

（5）调整传送装置，使试件通过线圈时无偏心、无摆动。

（6）准备有关图表和资料。涡流检测用到的图表和资料要事先准备好，如待测试件的零件图、检测标准等。

6.4.2　确定检测规范

（1）选择检测频率。检测频率与缺陷检出灵敏度有很大的关系，直接影响到试件上涡流的大小、分布和相位。一般是根据透入深度以及缺陷的阻抗变化来选择，其方法是利用阻抗平面图找出由缺陷引起的阻抗变化最大处的频率（是缺陷与干扰因素阻抗变化之间相位差最大处的频率）作为检测频率。由被检工件厚度、所希望的透入深度、要达到的灵敏度等来选择。频率越低，透入浓度越大，但降低频率的同时，检测灵敏度也随之降低。

被检工件材料：非磁性材料，选择高频，数千赫兹；磁性材料选择较低的频率。

透入深度要求：频率越低，透入深度越大。

灵敏度要求（分辨力）：频率低灵敏度减小。

（2）确定工件的传送速度。

（3）调整磁饱和程度。在探测铁磁性材料的试件时，由于试件磁导率的不均匀性而引起噪声，会影响检测结果。为了减小磁导率不均匀性的影响，使被检部位置于直流磁场中，达到磁饱和状态的 80% 左右。

6.4.3　调整仪器

利用标准试样或被检试样无缺陷部位，调节仪器涡流检测系统性能至满足标准要求。

选定仪器的平衡形式：自动、手动，或不需要。

选定灵敏度：灵敏度调定是指将对比试样上人工缺陷信号的大小调节到所规定的电平。仪器灵敏度的选择一般是将规定的人工缺陷在记录仪上的指示高度作为依据，人工缺陷相应信号的幅度调整到记录仪满刻度的 50%~70%。在调节灵敏度之前，必须先确定试件的传送速度、磁饱和放置的磁化电流、检验频率和振荡器的输出，并且在相位、滤波器频率、幅度鉴别器的调节完成后进行。

相位调节：装有移相器的检测仪要调整其相位角，使对比试样上的人工缺陷能够最明显地检测出来，而缺陷以外的杂乱信号应尽可能地排除掉。同时，相位的选择也应考虑到使缺陷的种类和位置尽可能地区分开。

选择滤波器形式及频率：一般来说，由试件表面缺陷产生的信号频率是高频成分，且受缺陷大小及传送速度的影响。而试件尺寸、材质变化和传送振动所产生的干扰信号是低频成分。外来噪声及仪器本身的频率则更高。通常滤波器的频率调整应从实验中求得。

幅度鉴别器的调整：振幅小的干扰信号可以通过幅度鉴别器消除，其调整应在相位、滤波器频率调定后进行。应该注意，由于幅度鉴别器调整的程度不同，对同一缺陷会有不同的指示。为此，若仪器的相位、滤波器频率、灵敏度一经变动，则应重新调整幅度鉴别器。

平衡电路的调定：桥路的平衡调整是指将设有缺陷的对比试样通过检测线圈把桥路的输出调节到零。调整时仪器灵敏度应处在最低位置上，依次反复调节两个平衡旋钮直到电表或阴极射线管的输出等于零，然后逐步提高仪器灵敏度，再依次反复调节这两个旋钮，直至到达所规定的灵敏度为止。

调节报警电瓶。

调节好记录器的灵敏度。

调节标记装置的延迟时间。

决定自动分选档级。

6.4.4　检测

检测在选定的检测规范下进行，应尽量保持固定的传送速度，同时使线圈与试件的距离保持不变；在连续检测过程中，应每隔 2 h 或在每批检验完毕后，用对比试样校验仪器。

检测结果分析。根据仪器的指示和记录器、报警器、缺陷标记器指示出来的缺陷来判断检测结果。如果对所得到的检测结果产生怀疑时，则应进行重新检测，或用目视法、磁粉法、渗透法和破坏试验等方法加以验证。

6.4.5　记录

（1）试件情况。

（2）探测条件。

（3）根据验收结构评定探测标准。

（4）检测人员有关事宜。

（5）消磁铁磁材料经饱和磁化后应进行退磁处理。

结果评定对钢管或焊管的检测中，若缺陷显示信号小于对比试样人工缺陷信号时，应判定为该钢管或焊管经涡流检测合格。缺陷显示信号大于或等于对比试样人工缺陷信号时，应认为该钢管或焊管为可疑品。

（6）对可疑品进行如下处理：

1）重新检测。重新检测时若缺陷信号小于人工缺陷信号，则判定为合格。

2）对检测后暴露的可疑部分进行修磨，修磨后重新检测，并按上述原则评判。

3）切去可疑部分或者判为不合格。

4）用其他方式的无损检测方法检查。

（7）编写检测报告将检测条件、检测结果、人工缺陷级别和形状等编制成文。

复习思考题

6-1　涡流检测的基本原理是什么，适合检测何种材料的何种缺陷？

6-2　趋肤效应及其影响因素是什么？

6-3　涡流检测信号的显示方式是什么？

6-4　涡流检测线圈的种类有哪些，有什么作用？

6-5　试对比 5 种常规无损检测方法的优缺点及应用范围。

项目 7　其他无损检测技术

近几年来，随着中国经济的迅速发展，能源、石油化工产品的需求量越来越大，石油化工装置的建设项目越来越多，工程进度要求越来越短，工程质量要求越来越高。特种设备无损检测技术和方法也层出不穷。

其他无损检测技术主要包括声发射（Acoustic Emission，AE）、泄漏检测（Leak Testing，LT）、激光全息照相（Optical Holography，OH）、红外热成像（Infrared Thermography，IRT）、微波检测（Microwave Testing，MWT）、衍射波时差法超声检测技术（Time of Flight Diffraction，TOFD）、导波检测（Guided Wave Testing，GWT）和超声相控阵检测（Phased Array Ultrasonic Testing，PAUT）等。该项目主要介绍 TOFD 和超声相控阵检测技术。

任务 7.1　TOFD 检测技术

7.1.1　TOFD 检测技术的发展

1977 年英国原子能管理局下设的 Harwell 实验室研究员 Sik 等人根据超声波衍射现象首先提出 TOFD 技术，TOFD（Time of Flight Diftraction）检测法中文译为超声波衍射时差法，主要利用超声波的衍射现象对焊接接头的内部缺陷进行检测。TOFD 检测技术于 21 世纪初引入中国，2004 年，中国第一重型机械股份公司将 TOFD 技术用于工程检测并申请成为企业标准。2006 年，中国水电行业采用 TOFD 检测技术代替射线检测，取得了较好的检测效果。国家质量监督检验检疫总局于 2009 年发布了《无损检测　超声检测　超声衍射声时技术检测和评价方法》（GB/T 23902—2009），它属于我国首个 TOFD 检测标准，国家能源局 2010 年发布了《承压设备无损检测　第 10 部分：衍射时差法超声检测》（NB/T 47013.10—2010），对承压设备焊接接头的 TOFD 检测方法和质量分级进行了规定，该标准在 2015 年进行了修订并颁布实施，也是当前国内用于承压设备 TOFD 检测的唯一标准。《压力容器　第 4 部分：制造、检验和验收》（GB 150.4—2011）、《固定式压力容器安全技术监察规程》（TSG 21—2016）等标准规定的 TOFD 检测方法均按照 NB/T 47013 标准执行。早期 TOFD 检测设备主要依赖于进口。2005 年，武汉中科创新技术股份有限公司研制出了第一台商用 TOFD 检测仪。随后，国内多家无损检测设备制造商也对 TOFD 检测设备进行了开发，并进行产品销售，其产品质量已达到或优于国外同类产品水平。目前，国产设备在 TOFD 检测中已得到较为广泛的应用。

自 2007 年起，中国特种设备检验协会、中国无损检测学会、电力等行业针对相关行业特点，开展了相应的 TOFD 取证培训，为社会培养了大批 TOFD 检测人才，经过几年的教学研究及工程实践，国内技术人员对 TOFD 技术的理解和掌握取得了长足进步，TOFD

检测现今已成为国内无损检测领域的一项重要检测方法。

7.1.2　TOFD 检测基本原理

7.1.2.1　超声波的衍射

如图 7-1 所示，当超声波作用于一条长裂纹时，除在裂纹的表面产生反射波外，还会在裂纹的尖端产生衍射波，衍射波能量比反射波能量弱得多，TOFD 技术正是依靠衍射能量对缺陷进行检测、定量和定位的。

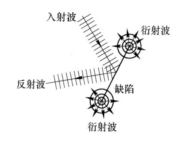

图 7-1　超声波的衍射行为

如图 7-2 所示，发射探头和接收探头按一定间距相向对置，尽可能使被检缺陷处于两探头中间正下方，然后使小晶片发射探头向被检焊缝发出一束指向角足够大的纵波声束，此声束可充分覆盖整个板厚范围内的焊缝体积，在缺陷上、下端部产生的衍射波（称为"上端波"和"下端波"）被同尺寸、同频率的接收探头接收到根据沿探测面传播的直通波（Lateral Wave）、缺陷上端部产生的上端点衍射波、缺陷下端部产生的下端点衍射波和底面反射波（简称底波）到达接收探头的传播时间差与声速的关系，即可准确地测出缺陷的埋藏深度和自身高度。

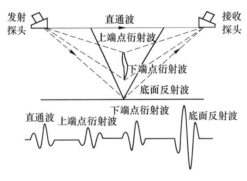

图 7-2　TOFD 检测原理

7.1.2.2　TOFD 图谱形成

衍射波在 TOFD 检测设备的时间轴上，按照到达接收探头时间的先后顺序，依次为直通波、缺陷上端点衍射波、缺陷下端点衍射波、底面反射波，以及由发射探头发射的纵波在工件底面发生波形转换为横波后的变形波、发射探头发射的横波经工件底面反射后的变形信号等。与常规超声检测采用的全检波信号不同，TOFD 显示的 A 扫描信号为射频信号，根据射频信号的相位信息及脉冲幅度的高低，通过计算机程序分配相应黑白像素，并在显示屏上显示出来，如相位越正代表越白，反之则越黑，从而形成 TOFD 检测图谱，如图 7-3 所示。实际检测过程中，两探头对称于焊缝两侧沿焊缝长度方向进行扫查（称为非平行扫查），仪器配备的编码器会自动记录扫查距离，所有的 A 扫描数据经仪器处理后得到焊接接头的 TOFD 检测图谱。图 7-3 中 X 轴代表编码器的扫查距离，Y 轴代表信号的传播时间，检测时通常对直通波和底波间的图谱进行观察分析，如有缺陷，则在直通波和底波之间会显示相应的信号。

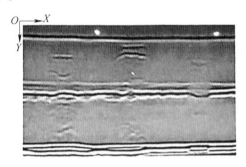

图 7-3　TOFD 检测图谱

TOFD 检测图谱中缺陷的两端常是抛物线形状，形成这种显示的原因是探头对相对于缺陷由远及近进行扫查。当探头对距离缺陷较远时，产生的衍射信号的传播时间较长，当缺陷位于探头对中间时，衍射信号传播时间最短，当探头对跨过并远离缺陷时，衍射信号传播时间又变长，因此在图册上形成了抛物线特征。

7.1.2.3　缺陷定位

TOFD 检测可精确测定缺陷的深度及自身高度，精度可达 0.1 mm，其测定原理如图 7-4 所示，可以看出，缺陷的上端点衍射信号被接收探头接收总共需要的传播时间：

$$t = \frac{2\sqrt{S^2 + d_1^2}}{c} + 2t_0 \tag{7-1}$$

推导出缺陷上端点深度 d_1 为

$$d_1 = \sqrt{\left(\frac{c}{2}\right)^2 (t - 2t_0)^2 - S^2} \tag{7-2}$$

式中　c——超声波传播速度；

$2t_0$——楔块中超声波传播时间总和（探头延迟）；

S——两探头中心间距的一半（PCS/2）。

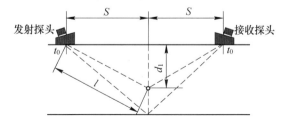

图 7-4　TOFD 缺陷定位

因为 c、t_0、S 均为检测前仪器设置中的已知参数，l 为声程的一半，利用软件在检测图谱上对缺陷端点的衍射信号传播时间 t 进行测量后，仪器可自动计算出 d_1 值。

缺陷下端点深度 d_2 的计算同样可以使用上述公式，则缺陷的自身高度 h 为

$$h = d_2 - d_1 \qquad\qquad (7\text{-}3)$$

上述缺陷定位是以缺陷位于两探头连线的中间为前提的，实际上许多缺陷在位置上存在偏离，由端点深度 d_1 计算公式可知，只要来自于缺陷的超声波传播时间相同，则缺陷计算深度就相同。因此对于偏离两探头中心线的缺陷，其深度测量会存在一定的误差。

TOFD 检测虽然在深度测量上误差很小，但不能确定缺陷相对于根块的水平位置，在 TOFD 检测发现缺陷后，缺陷的水平定位可以采用常规超声脉冲反射法进行补充检测，或者将焊缝余高磨平进行平行扫查，即探头的移动方向垂直于焊缝轴线，寻找缺陷抛物线信号的最高点位置，此时缺陷位于两探头连线的中心线位置。需要指出的是，后者检测效率很低，一般现场不采用。

7.1.2.4　TOFD 检测的优点和局限性

A　TOFD 检测的优点

与其他无损检测方法相比，TOFD 检测的优点如下：

（1）TOFD 技术的可靠性好。由于采用的是超声波的衍射，因此声束相对于缺陷的角度不会对衍射信号波幅产生影响，理论上任何方向的缺陷都能被有效检出。欧洲和荷兰焊接协会等研究机构比较了 X 射线、γ 射线、TOFD 和传统脉冲反射法 4 种检测方法的缺陷检出率（见表 7-1），可见，TOFD 检测技术具有最高的缺陷检出率。

表 7-1　不同无损检测方法检出率

方法	X 射线	γ 射线	TOFD	传统脉冲反射法
检出率	70%	60%	>80%	50%~60%

（2）缺陷定量精度高。采用 TOFD 技术对于缺陷高度的定量精度远远高于常规手工超声检测。一般认为，对于线性缺陷或面积型缺陷，TOFD 测高误差小于 1 mm。对于足够高（一般指缺陷高度大于 3 mm）的裂纹和未熔合缺陷，高度测量误差通常只有零点几毫米。

（3）TOFD 检测简便快捷。TOFD 检测系统配有自动扫查装置，自动扫查装置可使探头对称于焊缝两侧沿焊缝方向扫查，相对于常规斜探头脉冲反射法的锯齿形扫查，检测效率明显提高。

（4）TOFD 检测系统配有自动或半自动扫查装置，能够确定缺陷与探头的相对位置信号，通过处理可以转换为 TOFD 图像。图像信息量显示比 A 型显示大得多。在 A 型显示中屏幕只能显示一条 A 扫描信号，而 TOFD 图像显示的是一条焊缝检测的大量 A 扫描信号的集合。与 A 型信号的波形显示相比，包含丰富信息的 TOFD 图像更有利于缺陷的识别和分析。

（5）目前使用的 TOFD 检测系统都是高性能数字化仪器，能够全程记录信号，在线得到检测结果，在检测工艺设置正确的情况下，检测结果不会因人而异，且检测数据可长久保存，为以后检测的对比分析提供方便。

（6）TOFD 技术除了用于检测外，还可以用于缺陷扩展的监控，且对裂纹高度扩展的

测量精度极高，可达 0.1 mm。

（7）由于检测速度快，对于板厚超过 25 mm 的材料，检测费用比 RT 少得多。

（8）检测安全，相比于射线检测，对人体无伤害，并可进行交叉作业，工作效率高。

B　TOFD 检测的缺点

与其他无损检测技术一样，TOFD 技术也具有如下局限性：

（1）通常仅适用于材料为碳钢和低合金钢对接接头的检测，奥氏体焊缝因晶粒粗大，信噪比较低，检测比较困难，检测厚度范围为 12~400 mm。

（2）受直通波影响，缺陷可能隐藏在直通波下而漏检，因此 TOFD 技术近表面缺陷检测存在盲区，一般盲区范围小于 5 mm。

（3）下表面存在轴偏离底面盲区，位于热影响区或熔合线的缺陷信号有可能被底面反射信号湮没而漏检。

（4）TOFD 图像中缺陷的特征显示不如射线胶片显示直观。比较容易区分上表面开口、下表面开口及埋藏缺陷，但缺陷定性比较困难，识别和判读分析需要丰富的现场经验。

（5）横向缺陷检测比较困难。

（6）点状缺陷的尺寸测量不够准确。

（7）复杂几何缺陷的工件检测有一定困难，需要在试验的基础上制订专门工艺。

7.1.3　TOFD 检测设备

TOFD 检测设备包括仪器、探头、扫查装置和附件。

7.1.3.1　仪器

仪器包括脉冲发射电路、接收放大电路、数字采集电路、数据记录、显示和分析部分。按发射和接收放大电路的通道数可分为单通道和多通道。TOFD 检测设备的基本性能指标要求应符合相关标准要求，如仪器应具有足够的增益，净增益不低于 80 dB；增益应连续可调且步进小于或等于 1 dB；增益精度为任意相邻 12 dB 的误差在 1 dB 以内，且最大累计误差不超过 1 dB；仪器的水平线性误差不大于 1%，垂直线性误差不大于 5%；仪器的数据采集应和扫查装置的移动同步，扫查增量值应可调，其最小值应不大于 0.5 mm；仪器至少能以 256 级灰度或色度显示 TOFD 图像等。

7.1.3.2　探头

探头通常采用两个分离的宽带窄脉冲纵波斜入射探头，一发一收相对放置组成探头对固定于扫查装置。在能证明具有所需的检测和测量能力的情况下，也能使用其他形式的探头，如相控阵探头、横波探头或电磁超声探头等。宽带窄脉冲探头要求为：实测中心频率和探头标称频率之间误差不得大于 10%，−6 dB 频带相对宽度大于或等于 60%。

7.1.3.3　扫查装置

扫查装置一般包括探头夹持部分、驱动部分和导向部分，并安装位置传感器。探头夹持部分应能调整和设置探头中心间距，在扫查时保持探头中心间距和相对角度不变。导向部分应能在扫查时使探头运动轨迹与拟扫查线保持一致。驱动部分可以采用电动机或人工驱动，扫查装置应安装位置传感器，其位置分辨率应符合工艺要求。

7.1.4　TOFD 检测应用

7.1.4.1　扫查方式

扫查方式一般分为非平行扫查、偏置非平行扫查和平行扫查。

（1）非平行扫查（non-parallel scan）。探头运动方向与声束方向垂直的扫查方式称为非平行扫查，一般指探头对称布置于焊缝中心线两侧沿焊缝长度方向（X 轴）的扫查方式，如图 7-5（a）所示。

（2）偏置非平行扫查（offset-scan）。探头对称中心与焊缝中心线保持一定偏移距离的非平行扫查方式称为偏置非平行扫查，如图 7-5（b）所示。

（3）平行扫查（parallel scan）。探头运动方向与声束方向平行的扫查方式称为平行扫查，如图 7-5（c）所示。

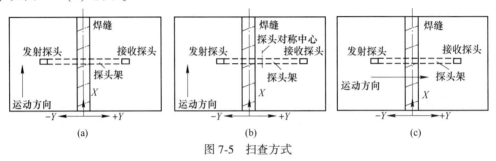

图 7-5　扫查方式

（a）非平行扫查；（b）偏置非平行扫查；（c）平行扫查

非平行扫查一般作为初始的扫查方式，用于缺陷的快速探测以及缺陷长度、缺陷自身高度的测定，可大致测定缺陷深度。必要时增加偏置非平行扫查作为初始的扫查方式。平行扫查一般针对已发现的缺陷进行检测，可精确测定缺陷自身高度、缺陷深度以及缺陷相对焊缝中心线的偏移，并为缺陷定性提供更多信息。在很多场合，因为需要迅速地完成检测，或者受到资金的限制，仅能执行非平行扫查进行检测。发现缺陷后，若要得到合理的缺陷类型和准确的尺寸，应采用平行扫查。如果缺陷较长，应沿着缺陷长度的不同点进行平行扫查检测。

7.1.4.2　TOFD 技术的主要应用

（1）TOFD 是最精确的技术之一，可精确地检测出裂纹尺寸，特别是内部的缺陷。

（2）快速扫查，对质量进行评价。TOFD 在波束的覆盖内能发现所有的裂纹，与方向性无关，有很高的检出率。事实上检测数据以 B 或 D 扫描形式进行采集，改善检测出现在何信号中的裂纹信号。使用 TOFD 检测技术能对大多数焊缝进行快速扫查，并判断有无裂纹等重要缺陷。

（3）检测缺陷变化。TOFD 是有效的精确测量裂纹增长的方法之一。

7.1.5　显示的解释与评定

检测结果的显示分为相关显示和非相关显示。由缺陷引起的显示为相关显示，由于工件结构（如焊缝余高或根部）或者材料冶金成分的偏差（如铁素体基材和奥氏体覆盖层的界面）引起的显示为非相关显示。

7.1.5.1 相关显示

相关显示分为表面开口型缺陷显示、埋藏型缺陷显示和难以分类的显示。

A 表面开口型缺陷显示

表面开口型缺陷显示可分为以下 3 类：

扫查面开口型：该类型通常显示为直通波的减弱、消失或变形，仅可观察到一个端点（缺陷下端点）产生的衍射信号，且与直通波同相位。

底面开口型：该类型通常显示为底面反射波的减弱、消失、延迟或变形，仅可观察到一个端点（缺陷上端点）产生的衍射信号，且与直通波反相位。

穿透型：该类型显示为直通波和底面反射波同时减弱或消失，可沿壁厚方向产生多处衍射信号。

B 埋藏型缺陷显示

埋藏型缺陷显示可分为如下 3 类：

点状显示：该类型显示为双曲线弧状，且与拟合弧形光标重合，无可测量长度和高度。

线状显示：该类型显示为细长状，无可测量高度。

条状显示：该类型显示为长条状，可见上、下两端产生的衍射信号，且靠近底面处端点产生的衍射信号与直通波同相，靠近扫查面处端点产生的信号与直通波反相。

C 难以分类的显示

对于难以确认为表面开口型缺陷显示还是埋藏型缺陷显示的相关显示统一称为难以分类的显示。

7.1.5.2 非相关显示

确定是否为非相关显示的步骤如下：

（1）查阅加工和焊接文件资料。

（2）根据反射体的位置绘制反射体和表面不连续的截面示意图。

（3）根据检测工艺对包含反射体的区域进行评估。

（4）可辅助使用其他无损检测技术进行确定。

7.1.5.3 缺陷位置的测定

至少应测定缺陷在 X 轴、Z 轴的位置，如图 7-6 所示。

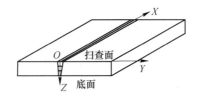

图 7-6 坐标定义

O—设定的检测起始参考点；X—沿焊缝长度方向的坐标；
Y—沿焊缝宽度方向的坐标；Z—沿焊缝厚度方向的坐标

A X 轴位置的测定

可根据位置传感器定位系统对缺陷沿 X 轴位置进行测定，由于声束的扩散，TOFD 图像趋于将缺陷长度放大。

推荐使用拟合弧形光标法确定缺陷沿轴的端点位置，对于点状显示，可采用拟弧形光标与相关显示重合时所代表的 X 轴数值，对于其他显示，应分别测定其左右端点位置，可采用拟合弧形光标与相关显示端点重合时所代表的 X 轴数值。

可采用合成孔径聚焦技术（SAFT）、聚焦探头或其他有效方法改善 X 轴位置的测定。

B　Z 轴位置的测定

根据从 TOFD 图像缺陷显示中提取的 A 扫描信号对缺陷的 Z 轴位置进行测定。

对于表面开口型缺陷显示，应测定其上（或下）端点的深度位置。该类型显示，通常其上（或下）端点的衍射波与直通波反相（或同相）。

对于埋藏型缺陷显示：若为点状和线状显示，其深度位置即为 Z 轴位置；对于条状显示，应分别测定其上、下端点的位置。该类型显示，上（或下）端点产生的衍射波与首通波反相（或同相）。测定时，首先应辨别缺陷端点的衍射信号，然后根据相位相反关系确定缺陷另一个端点的位置。

在平行扫查的 TOFD 显示中，缺陷距扫查面最近处的上（或下）端点所反映的位置为缺陷在 Z 轴的精确位置。

C　缺陷在 Y 轴的位置

在平行扫查的 TOFD 检测显示中，缺陷端点距扫查面最近处所反映的位置为缺陷在 Y 轴的位置，也可采用脉冲反射法或其他有效方法进行测定。

7.1.5.4　缺陷尺寸测定

缺陷的尺寸由其长度和自身高度表征。

缺陷长度是指缺陷在 X 轴投影间的距离，如图 7-7 所示。

缺陷自身高度是指缺陷沿 X 轴方向，上、下端点在 Z 轴投影间最大距离。对于表面开口型缺陷显示：缺陷自身高度为表面与缺陷上（或下）端点间最大距离，如图 7-7（a）中 h 所示；若为穿透型，缺陷自身高度为工件厚度。对于埋藏型条状缺陷显示，缺陷自身高度如图 7-7（b）中 h 所示。

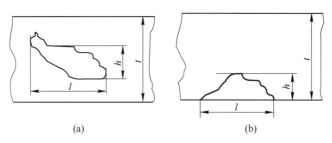

(a)　　　　　　　　　　　　　(b)

图 7-7　缺陷尺寸

（a）表面开口型缺陷尺寸；（b）埋藏型条状缺陷尺寸

h—缺陷自身高度；l—缺陷长度；t—工件厚度

任务 7.2　超声相控阵检测技术

7.2.1　超声相控阵检测技术的发展

超声相控阵技术已有 20 多年的发展历史。最初主要应用于医疗领域，利用相控阵技术对被检器官进行成像，由于系统的复杂性、固体中波传播的复杂性和高昂的成本等原因，其在工业无损检测中的应用受到限制。20 世纪 80 年代中期，压电复合材料的研制成功，使制作复合型相控阵探头成为可能。20 世纪 90 年代初，相控阵超声检测技术在动力工业中开始应用，主要用于核反应压力容器（管接头）、大锻件轴类和汽轮机等零部件的检测。

由于压电复合材料、纳秒级脉冲信号可控制、数据处理分析、软件技术和计算机模拟等高新技术在超声相控阵成像领域中的综合应用，21 世纪超声相控阵技术以其灵活的声束偏转及聚焦性能越来越引起人们的重视，使得超声相控阵检测技术得以快速发展，逐渐应用于工业无损检测领域。

7.2.2　超声相控阵检测技术原理

超声波是由电压激励压电晶片探头在弹性介质（试件）中产生的机械波。工业中大多要求使用 0.5~15 MHz 频率的超声波。常规超声检测多用声束扩散的单晶探头，超声相控阵技术的主要特点是采用阵列多晶片探头，各晶片的激励（振幅和延时）均由计算机控制。压电复合晶片受激励后产生超声聚焦波束，声束参数（如角度 β、焦距 F 和焦点尺寸等）均可通过软件调整，能以近似镜面反射方式检出不同方位的裂纹。由于这些裂纹可能随机分布在远离声束轴线的位置上，如果用普通单晶探头，因移动范围和声束角度有限，对方向不利的裂纹或远离声束轴线位置的裂纹很易漏检（图 7-8）。

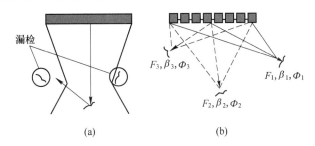

图 7-8　常规单晶探头和阵列多晶探头对多向裂纹的检测比较

（a）常规单晶探头；（b）阵列多晶探头

7.2.2.1　声束的位置

如图 7-9 所示，通过控制阵列探头各晶片的开关，使开启的晶片组合的中心位置改变从而改变产生和接收超声波的轴线位置，实现声束位置的控制。

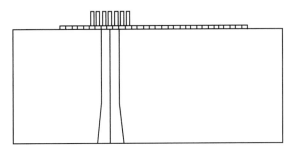

图 7-9　声束位置控制示意图

7.2.2.2　声束的偏转图

图 7-10 为一维线阵换能器通过时延控制而实现声束偏转的示意图。该阵列换能器是由 N 个阵元构成的线阵换能器，阵元中心间距为 d，换能器孔径为 D。

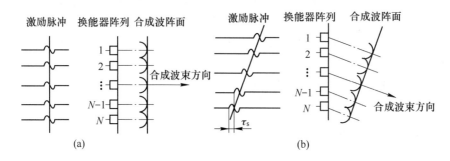

图 7-10　声束偏转控制示意图

如图 7-10（a）所示，如果各阵元同时受同一激励源激励，则其合成波束垂直于换能器表面，主瓣与阵列的对称轴重合。若相邻阵元按一定时间 τ_s 被激励源激励，则各阵元所产生的声脉冲也将相应延迟 τ_s，如此合成的波不再与阵列平行，即合成波束方向不垂直于阵列，而是与阵列轴线成一夹角，从而实现了声束偏转，如图 7-10（b）所示。

根据波合成理论可知，相邻两阵元的时间延迟为

$$\tau_s = \frac{d}{c}\sin\theta \tag{7-4}$$

式中　c——声速；

　　　τ_s——发射偏转延迟。

因此，可以通过改变发射偏转延迟来改变超声波束的偏转角度。

7.2.2.3　声束的聚焦

图 7-11 所示为一维线阵换能器通过延时控制而实现声束聚焦的示意图。聚焦点 P 离换能器表面距离（即聚焦焦距）为 F，传播介质中的声速为 c_0。

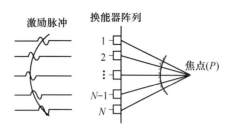

图 7-11　声束聚焦的示意图

在发射聚焦时，采用延时顺序激励阵元的方法，使各阵元按设计的延时依次先后发射声波，在介质内合成波波阵面为凹球面（对于线阵来说则是弧面），在 P 点因同相叠加而增强，而在 P 点以外则因异相叠加而减弱，甚至抵消。以阵列中心作为参考点，基于几何光学原理，使各个阵元发射的声波在焦距为 F 的焦点 P 聚焦，所要求的各阵元的激励延迟

时间关系为

$$\tau_{fi} = \frac{F}{c}\left\{1 - \left[1 + \left(\frac{B_i}{F}\right)^2\right]^{1/2}\right\} + t_0 \quad\quad (7-5)$$

式中　t_0——足够大的常数，以避免 τ_{fi} 出现负的延迟时间；

　　　　B_i——第 i 个阵元到阵列中心的距离，$B_i = |[i - (N+1)/2]d|$，$i = 1, 2, \cdots, N$；

　　　　τ_{fi}——发射聚焦延迟，可以通过改变发射聚焦延迟 τ_{fi} 来改变焦距 F。

超声检测时，如需要对物体内某一区域进行检测，必须进行声束扫描。相控阵技术是通过控制阵列换能器中各个阵元激励（或接收）脉冲的时间延迟，改变由各阵元发射（或接收）声波到达（或来自）物体内某点时的相位关系，实现聚焦点和声束方位的变化，从而完成相控阵波束合成，形成超声扫描信号的技术，如图 7-12 所示。

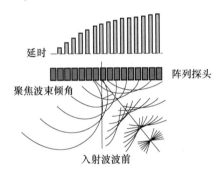

图 7-12　偏转聚焦波束控制原理

7.2.3　超声相控阵系统

超声相控阵系统主要包括超声相控阵仪器、移动控制驱动器、扫描器/操纵器（扫查架）、相控阵探头、计算机和试件等。图 7-13 所示为超声相控阵系统。

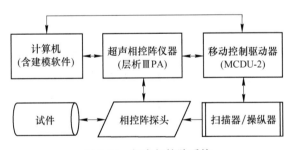

图 7-13　超声相控阵系统

由图 7-14 可知，超声相控阵检测设备主要包括超声发射部分和接收部分。目前国内外大型超声检测设备的系统设计方案主要有 3 种：发射与接收分离系统；发射与接收集成，且发射与接收板集成；发射与接收集成，但是发射与接收板分离。

7.2.3.1　信号的发射与接收

发射过程中，检测仪将触发信号传送至相控阵控制器。相控阵控制器将信号变换成特定的高压电脉冲，脉冲宽度预先设定，而时间延迟则由聚焦律界定。每个晶片只接收一个

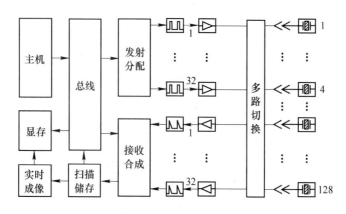

图 7-14　超声相控阵检测设备

电脉冲，如此产生的超声波束就有一定角度，并聚焦在一定深度。该声束遇到缺陷即反射回来。接收回波信号后，相控阵控制器按接收聚焦律变换时间，并将这些信号汇合在一起，形成一个脉冲信号，传送至检测仪。

7.2.3.2　扫描模式

相控阵扫描主要有电子扫描和机械扫描，通常情况下采用两者复合的模式。计算机控制的声束电子扫描基本模式主要有以下 3 种：

（1）电子扫描（又称 E 扫描）。高频电脉冲多路传输，按相同聚焦律和延时律触发一组晶片；声束则以恒定角度，沿相控阵列探头长度方向进行扫描，相当于用直探头进行栅格扫描或做横波检测。用斜楔时，对楔块内不同延时值要用聚焦律进行修正。

（2）动态深度聚焦（简称 DDF）。超声束沿声束轴线，对不同聚焦深度进行扫描。实际上，发射声波时使用单个聚焦脉冲，而接收回波时则对所有编程深度重新聚焦。

（3）扇形扫描（又称 S 扫描、方位扫描或角扫描）。使阵列中相同晶片发射的声束，对某一聚焦深度在扫描范围内移动，而对其他不同焦点深度，可增加扫描范围。扇形扫描区大小可变。

图 7-15 所示为机械、电子复合扫描示意图。扇扫形成相控阵主动面的端面二维图像，当探头沿垂直于相控阵线阵的主动面扫查时，按编码器传感的扫查位置连续记录二维图像形成对扫查区域的三维图像记录。

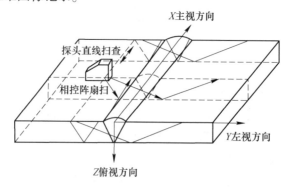

图 7-15　机械、电子复合扫描示意图

7.2.4　基本显示方式

基本显示方式主要包括 A 扫描显示、B 扫描显示、C 扫描显示、S 扫描显示及 3D 显示等，相控阵检测显示方式说明见表 7-2。

表 7-2　相控阵检测显示方式说明

显示方式	显示含义
A 扫描	缺陷的检波波形显示
B 扫描	缺陷在工件厚度方向的投影图，即左视图
C 扫描	缺陷在工件底面方向的投影图，即俯视图
D 扫描	缺陷在工件端面方向的投影图，即主视图
S 扫描	沿探头扫描方向，所有角度声束的采集结果的图像显示
P 扫描	沿探头扫描方向，所有工件真实几何结构部位检测结果显示，即断层图
3D 显示	通过软件将扫查所得到的俯视图、左视图、主视图合成为 3D 图像显示

7.2.4.1　A 扫描显示

如图 7-16 所示，A 扫描显示是一种波形显示，仪器屏幕的横坐标代表声波的传播时间（或距离），纵坐标代表反射波的幅度。

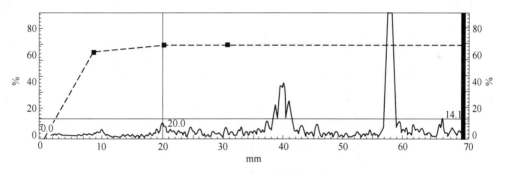

图 7-16　A 扫描显示

7.2.4.2　B 扫描显示

如图 7-17 所示，B 扫描是工件厚度方向的投影图像显示，图中的纵坐标代表扫查距离，横坐标代表工件厚度。

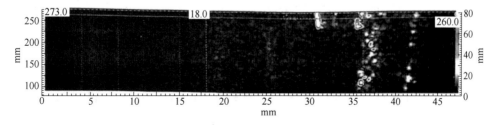

图 7-17　B 扫描显示

7.2.4.3 C扫描显示

如图7-18所示，C扫描是工件底面方向的投影图像显示，图中的横坐标代表扫查距离，纵坐标代表扫描的宽度。

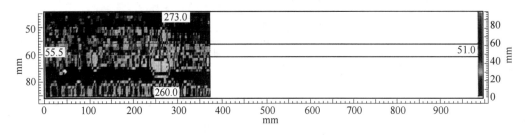

图7-18 C扫描显示

7.2.4.4 S扫描显示

如图7-19所示，S扫描中，视图中的数据与相控阵探头的特征（如超声路径、折射角度、索引轴和反射波束）有关。其中一个轴显示的是波束距探头的距离，另一个轴显示的是超声轴。A扫描的所有数据形成了扇形扫查的视图，包括起始角度、终止角度及角度步进。

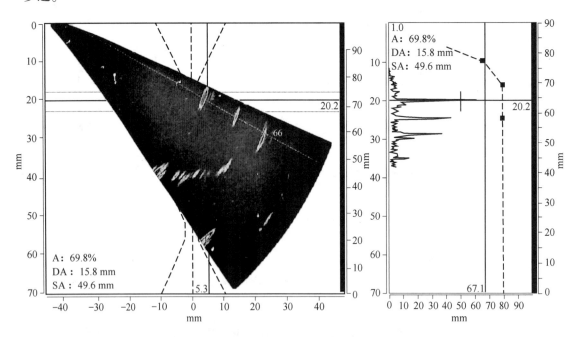

图7-19 S扫描显示

7.2.4.5 3D显示

通过软件将扫查所得到的俯视图、左视图和主视图合成为3D模拟图像显示，如图7-20所示。

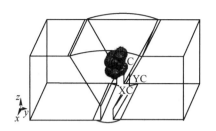

图 7-20　3D 显示
x—端视图；*y*—侧视图；*z*—俯视图

7.2.5　相控阵探头

7.2.5.1　相控阵探头结构

虽然相控阵探头有很多种规格，包括不同的尺寸、形状和频率计晶片数，但是其内部结构都是将一个整块的压电陶瓷晶片划分成多个段。相控阵探头的结构主要包括复合压电晶片、背衬材料、内衬、晶片线路、多路同轴控制电缆、金属镀层和匹配层等，如图 7-21 所示。

如图 7-22 所示，相控阵晶片排列形式主要有 1D 线阵、2D 面阵、1.5D 面阵、等菲涅耳面环阵、2D 分割环阵和 1D 环阵等。

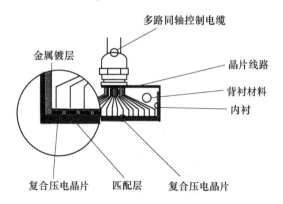

图 7-21　相控阵探头结构

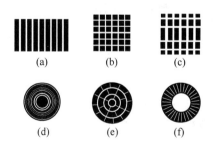

图 7-22　相控阵晶片排列形式

（a）1D 线阵；（b）2D 面阵；（c）1.5D 面阵；（d）等菲涅耳面环阵；（e）2D 分割环阵；（f）1D 环阵

7.2.5.2　相控阵探头（传感器）的参数

相控阵探头（图7-23）主要的参数如下：

（1）工作方式。按与工件的接触方式不同，相控阵探头可分为非直接接触型、直接接触型和浸入型。非直接接触型是指通过一个带有角度的塑料楔块或者无角度的垂直塑料楔块接触工件的工作方式，直接接触型是指无需楔块探头直接接触工件的工作方式，浸入型是指探头需要浸入到水或者其他介质中的工作方式。

（2）频率。一般相控阵探头的频率选择在2~10 MHz 范围内。和常规超声探头一样，低频探头穿透力强，高频探头分辨率及聚焦清晰度高。

（3）晶片数。相控阵探头晶片尺寸参数如图7-23 所示，一般相控阵探头的晶片数为16~128，相控阵探头晶片数最多可以达到256 个。晶片数越多，聚焦能力及声束偏转能力越强，同时声束覆盖面积越大。但是晶片数多的相控阵探头价格昂贵，增加了检测成本。探头中的每个晶片都可以独立触发产生波源，因此，这些晶片的尺寸被看作有效方向。

（4）晶片尺寸。晶片越窄，声束偏转能力越强。

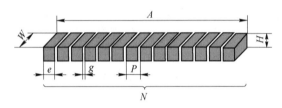

图7-23　相控阵探头晶片尺寸参数

N—探头中的晶片总数；A—探头有效的孔径大小；H—晶片高；W—晶片长；
P—晶片间距或者两相邻晶片中心点的距离；e—晶片宽；g—两相邻晶片间隔

7.2.5.3　相控阵楔块

相控阵探头通常配合楔块一起使用。典型的相控阵楔块如图7-24 所示。

图7-24　相控阵楔块

7.2.6　相控阵检测的试块

按照一定用途设计制作的具有简单几何形状的人工反射体的试样，通常称为试块。试块和仪器探头一样，是超声波相控阵检测中的重要工具。试块的主要作用包括确定检测灵敏度、测试仪器和探头的性能、调整扫描速度以及评判缺陷大小等，还可以利用试块来测试材料的声速、衰减性能等。常用的相控阵试块有 A 型试块和 B 型试块，如图7-25 和图7-26 所示。

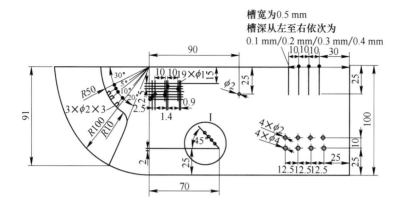

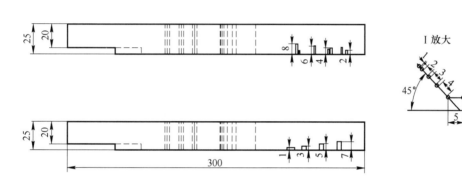

图 7-25　A 型相控阵试块

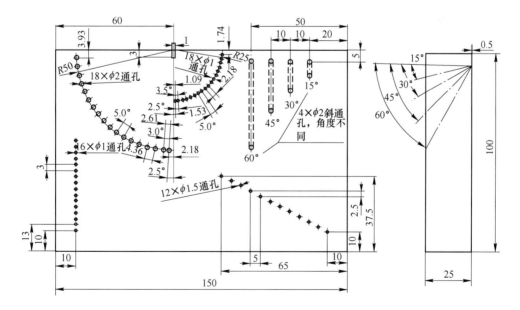

图 7-26　B 型相控阵试块

复习思考题

7-1　阐述 TOFD 检测技术的原理。

7-2　阐述相控阵检测技术的原理。

参 考 文 献

［1］郑晖，林树青. 超声检测［M］. 2版. 北京：中国劳动社会保障出版社，2008.

［2］胡学知. 渗透检测［M］. 2版. 北京：中国劳动社会保障出版社，2007.

［3］强天鹏. 射线检测［M］. 2版. 北京：中国劳动社会保障出版社，2007.

［4］宋志哲. 磁粉检测［M］. 2版. 北京：中国劳动社会保障出版社，2007.

［5］国家能源局. NB/T 47013—2015 承压设备无损检测［S］. 北京：新华出版社，2015.

［6］靳世久，杨晓霞，陈世利，等. 超声相控阵检测技术的发展及应用［J］. 电子测量与仪器学报，2014，28（9）：925-934.

［7］潘亮，董世运，徐滨士，等. 相控阵超声检测技术研究与应用概况［J］. 无损检测，2013，35（5）：26-29.

［8］田安定. 相控阵超声检测技术应用［J］. 无损检测，2011，33（6）：58-62.

［9］李衍. 超声TOFD检测读谱［J］. 无损探伤，2010，34（5）：1-8.

［10］梁玉梅，王琳，王彦启. 超声TOFD检测原理探析［J］. 无损检测，2010，32（7）：533-538.

［11］李衍. 承压设备NDE新通道——ASME对超声TOFD技术的应用规定 第1部分：焊缝TOFD检测的基本要求［J］. 中国特种设备安全，2010，26（3）：45-48.

［12］胡春亮. 无损检测概论［M］. 北京：机械工业出版社，2019.